提供科学知识
照亮人生之路

青少年科学启智系列

星空百亿年

曾耀寰◎主编

長春出版社
全国百佳图书出版单位

图书在版编目(CIP)数据

星空百亿年 / 曾耀寰主编. —长春：长春出版社，2013.1
（青少年科学启智系列）
ISBN 978 - 7 - 5445 - 2651 - 7

Ⅰ. ①星… Ⅱ. ①曾… Ⅲ. ①天文学—青年读物
②天文学—少年读物 Ⅳ. ①P1 — 49

中国版本图书馆 CIP 数据核字（2012）第 274940 号

著作权合同登记号 图字：07 - 2012 - 3848

星空百亿年

主　　编：曾耀寰
责任编辑：王生团
封面设计：王　宁

出版发行：长春出版社　　总编室电话：0431-88563443
发行部电话：0431-88561180　　邮购零售电话：0431-88561177
地　　址：吉林省长春市建设街 1377 号
邮　　编：130061
网　　址：www.cccbs.net
制　　版：长春市大航图文制作有限公司
印　　制：沈阳新华印刷厂
经　　销：新华书店

开　　本：700 毫米×980 毫米　1/16
字　　数：118 千字
印　　张：13.75
版　　次：2013 年 1 月第 1 版
印　　次：2013 年 1 月第 1 次印刷
定　　价：23.80 元

序

古未有天地之时，惟象无形，一切时空处于混沌状态，现今以管窥天，环顾所处的地球、太阳系、甚至是银河系，或更遥远的星系，各自不同尺度结构的形成，不同性质的星体存在，以及之间的关联，这些现象分别代表了宇宙历史洪流的不同演化阶段。从时间的角度来看，望远镜看到愈远的天体结构，代表了不同阶段的宇宙，这是因为光传送的速度是有限的，我们现在看到的太阳光是来自八分钟前的太阳，比邻星则是四年前的比邻星，而位在猎户座的参宿四则是640多年前，差不多是朱元璋的时代。从空间的角度来看，地球或太阳系的形成，却属于宇宙演化过程的后段，差不多是45多亿年前，从银河系的一团巨大分子云内的角落开始，经由自身的万有引力塌缩逐渐形成现在的太阳系统。现在知道，银河系的大小约3万光年，这团分子云的大小约60多光年，太阳则是由当中某个三光年大小的区域塌缩而成。

若从整个宇宙演化的宏观角度，宇宙演化可分成以下几个阶段：大爆炸初启的原生原子时代、星系时代、恒星时代、行星时代及生命时代。宇宙是如何由虚无之中诞生，又如何融合出现在看到的花花世界的基石——基本粒子，在接下来的演化中，星系结构是如何建构，各种不同类型的星系又是如何产生，乃至于闪烁耀眼的恒星如何从一团低温低密度的分子云，逐渐凝结成型，最后又如何在恒星的四周分化出行星，进而孕育出生命物质。这些都是现今天文学家对宇宙所提出来的问题。

谁传道之？何由考之？何以识之？要回答这些问题，天文学家能够掌握的只有来自宇宙的微光，透过各种波段的望远镜接收这些微光，并尝试说明这些微光所代表的宇宙片段，到底这个微光是来自哪种物质？它的温度又是多少？是朝向我们？还是远离我们？而天文物理学家则要进一步编织宇宙的故事，本着历代科学家所建立的各种科学理论，不论是物理还是化学，都可以用来了解宇宙在各个阶段是如何运作以及如何变化，最后串接成一本宇宙大戏。本书则是遵循这样的脉络，以宇宙学、星系、恒星以及太阳系为对象，讲述精彩的天文故事，希望读者能从这些天文故事中，一览各个阶段的宇宙演化，能对天文学以及我们的宇宙有更进一步的了解和认识。

编　者

目 录

变化万千的太阳

□傅学海

太阳，这颗离我们最近的恒星，长年照耀大地，供给万物所需要的光与热。人类对太阳的观察，始终局限于太阳在天空中行走的路径，规定出年度与季节，而对太阳本身的观测，也始终像一般的感觉一样，是一个明亮耀眼的圆盘，亘古不变。以至于亚里士多德学派认为太阳是个完美无瑕的天体。1609 年伽利略利用望远镜看到太阳表面上竟然有黑斑，称为“太阳黑子”（见图 1、2），打破西方千年来的传统观念。虽然在中国史书上已有 100 多次有关太阳黑子的记载，但伽利略仍然是近代观测太阳本体的先锋。

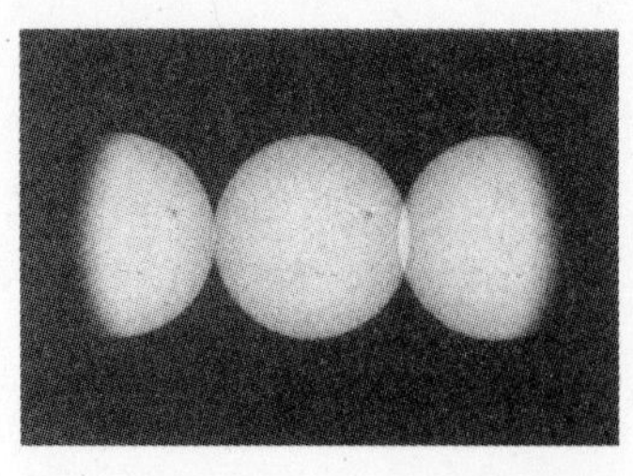

图1　1989年6月17日太阳黑子三重曝光，显示太阳东升西落的方向。

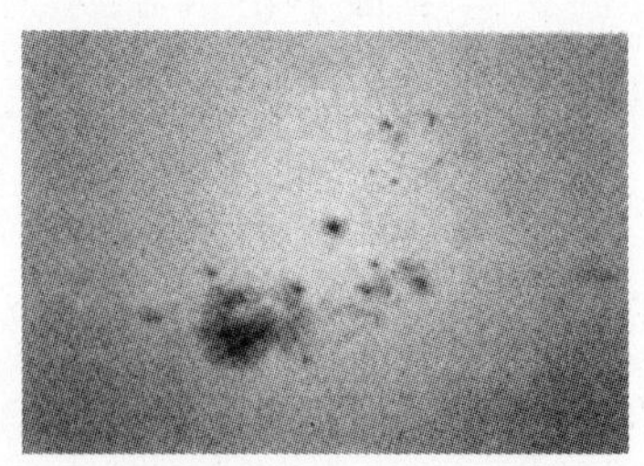

图2　1989年7月17日一个巨型复杂的黑子群。

太阳并不是平静无波的。相反的，太阳是个诡谲多变的星球。由可见光、无线电波、X射线等各波段来观测太阳，发现太阳活动不但频繁而且剧烈，甚至影响到地球的大气与磁场。有些学者认为地球上的天气变化也与太阳活动有关。让我们先从历史的进展程序来看太阳呈现的各种面貌。

平常看到的太阳圆盘，天文学家称为“光球”，也就是太阳表面。分析太阳的光谱，发现其表面温度约为6000℃，温度比铁的熔点还高两倍多，在如此高温下，所有元素都化为气体的形式。光球是最容易观测的太阳大气。

太阳黑子

伽利略持续观察太阳黑子，发现它每天的位置有规律地移动，表明太阳不但不是完美无瑕的，它还和地球一样自转，约三十天转一圈。经过将近四百年的观测，天文学家找出一些黑子变化的规律。

一、黑子的数量时多时少，大约按照十一年的周期循环

右。

起伏，黑子最多的时候称为“极大期”或“高潮期”；最少时则为“极小期”或“宁静期”。最近一次极大期是在1990年。在黑子极大期时，不但黑子数量多，其他太阳活动也随之增加。因此太阳物理学家非常重视极大期的各种太阳活动（见图3）。

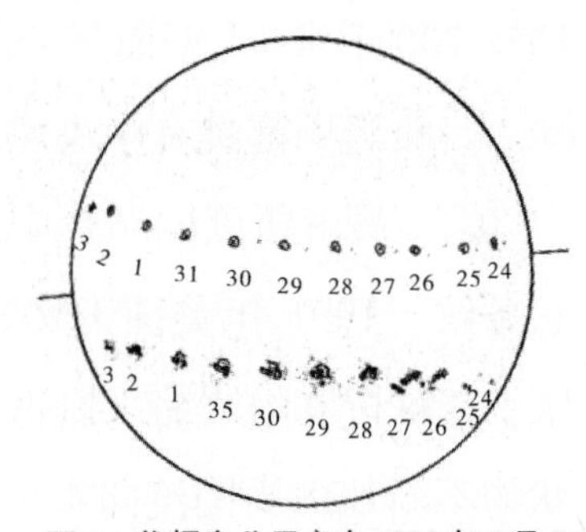

图3　依据台北天文台1988年7月24日至8月3日所观测的太阳黑子投影图，选取两个不同类型与大小的黑子群。下方的黑子群在几天内发展为大型而复杂的黑子群，在7月31日以后明显衰落消逝中，上方的单一黑子则可以维持数周以上。

二、黑子在太阳盘面上的分布，也随十一年的周期而从南北纬三十度左右，逐年移向赤道附近。极小期时，黑子数量少，而且分布于纬度三十度左右。一年年过去，黑子分布区也逐渐移向低纬度区域。约十一年后消失于赤道附近。同时纬度三十度左右又出现黑子，开始另一个周期。

三、黑子本身具有磁性，也常成对出现。磁性的变化也有十一年的周期循环。成对的黑子磁性呈南北对称。也就是说，北半球配对的黑子中，前导黑子与尾随黑子的磁性是S-N配对；而南半球成对黑子的磁性则为N-S。在下一回周期中，北半球成对的黑子磁性则反转为N-S，而南半球则为S-N。因此考虑黑子的磁性变化，则太阳的活动周期是二十二年左右。值得留意的是，黑子磁性反转发生在极小期阶段。

一般说来，黑子有大有小，肉眼能看到的黑子直径至少约有 700 千米。大型而复杂的黑子群面积可以涵盖几百个地球。一般黑子都具有中央黑暗的“本影”与周围呈淡灰色的“半影”。高解析度的照片中，半影区像菊花花瓣一样呈辐射状条纹。1991 年美国天文学家齐林（Zirin）提供出非常清晰、高解析度的浓缩录影带，明显看出半影区是对流区，丝状物不断地由周围流向本影与半影交界处。

米粒组织

早期利用高空气球把望远镜带到 30 千米的高空，在扰动的对流层之上拍摄到清晰度极佳的太阳表面照片。其间布满许多米粒状的结构，直径约为 1700 ~ 1000 千米，称为“米粒”，后来使用高山上的太阳观测台及太空中的观测设备，发现米粒组织处于运动状态，实际上是对流。也就是说太阳表面像沸腾的开水，底部的物质受热膨胀形成气泡状浮起，浮到表面（米粒组织中央明亮区），散热后又从对流胞周围（较暗区）沉入底部。整个过程平均约十分钟。

色球与日珥

日全食过程中，在月球完全遮住太阳的短短几分钟，太阳周缘呈现一圈淡红色。这薄薄 3000 千米厚的大气称为“色球”（chromosphere，见图 4）。其亮度只有光球的千分之一，所以平常无法看到。只有在日全食过程中，月球完全遮住明亮的光球时才能看到。

在1733年5月2日的日全食，Vassenius 在瑞典观测到太阳边缘有三四朵“红色火焰”。这些火焰现在称为“日珥”（见图5），但当时认为是月球大气中的云朵。1834年在法国与意大利可看到日全食，当时的天文学家相信这些日珥是太阳表面的巨大山脉。1860年与1868年两次日全食观测中，首次应用光谱的方法来观测日珥，发现有明亮的光谱线，表明日珥是高温气体。有一条波长5876 Å的谱线是当时地球上还不知道的元素——天文学家称之为“氦”（He，是希腊神话中的太阳神 Helios 的缩写）。

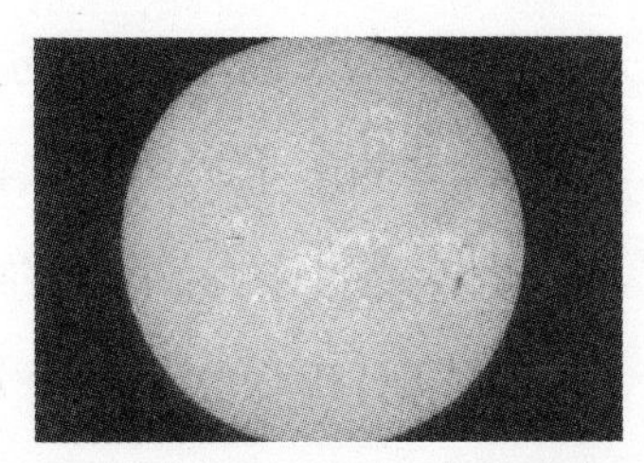

图4　1991年2月28日利用钙谱线（K 谱线）滤镜所摄之太阳色球。亮斑区是活动区。

色球与日珥的光谱中，亮度最强的是氢原子发出的 H_α谱线（是波长6563 Å的红光）。所以天文学家使用只让 H_α波段透过（其他波段全部滤掉）的滤镜，来观测色球与日珥。在盘面上，有许多长长短短的暗条纹，长的有几十万千米。这些“丝状体”是色球上温度较低的电浆物质，被磁场托住或沿着磁力线浮在数万千米的高空。当丝状体随太阳自转移到边缘时，由于没有明亮的色球背景衬底，暴露在黑暗的太空背景中，就成为明亮的日珥。目前还不完全明了日珥的形成与

图5　1989年7月13日利用 H 滤镜所摄的太阳边缘各型日珥。

演化过程，但已知与磁场关系密切。

日珥外形不规则，大都呈现拱形、喷泉状、树篱状、圈状等。如果把两三小时的照片或录影带记录浓缩成半分钟，可以看到日珥像水舞一样，变乱不已。外形变化和缓，大致可以保持几天甚至几个月的日珥，称为“宁静日珥”。另外一种活动日珥，其外形在几小时内就有明显的变化。巨大而复杂的黑子群中，常常发生磁力线绷紧后突然中断的情形。这时储存其中的能量猛然释放出来，形成“闪焰”（solar flare，见图 6）。整个爆发过程在十几分钟至几个钟头内结束。太阳闪焰是目前所知太阳系中最剧烈的活动。

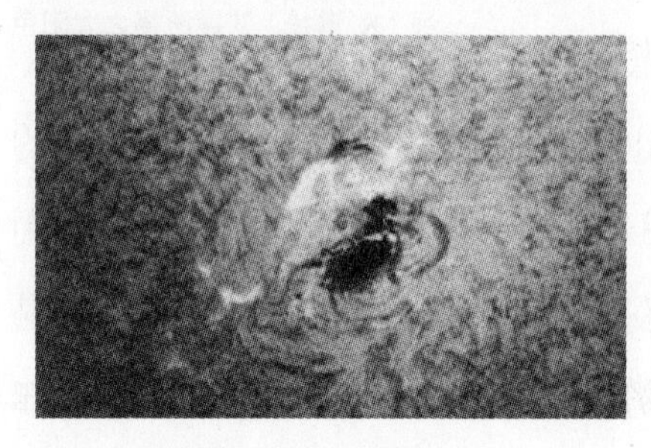

图 6　1991 年发生的太阳闪焰。

日冕

太阳最外层的大气称为“日冕”（corona），由色球层顶部向外扩展到几百万千米处。日冕发出的可见光总亮度约与满月相当，是光球的百万分之一。因此平时无法看见，只在日全食的时候或使用特别设计的日冕仪，才能观测日冕。一团白茫茫的光围绕着太阳，在高清晰度的照片中，可以看到许多延伸至几百万千米远的日冕流。

分析日冕的光谱，发现一些非常特殊的谱线，是铁原子或氧原子失去许多电子所发出的谱线。实验室中无法制造这些谱线，因此又称做“禁止谱线”。只有日冕的温度高达摄氏百万度以上，才能使原子中的大多数电子处于游离状态。另一方面，如果日冕温度真有摄氏百万度，应该发出X射线。早在1946年美国就利用德国的 V2 火箭，把仪器送到100千米的高空去探测太阳。1948年证实太阳发出X射线。1970年代太空实验室（Sky Lab）观测许多太阳X射线的影像，是太阳X射线观测的里程碑。

由X射线所观测，可以看到太阳的内层日冕，有许多亮点与亮区，显示磁场高度集中或剧烈变化之所在。另外也可以看到许多反映磁力线的弧线。最显著的是一些极宽的暗区（表示温度较低，不发出X射线），称为“日冕洞”（corona hole），这是磁场开放区。也就是说，由此日冕洞发出的磁力线并不弯回到太阳表面，所以以电子、质子为主的带电粒子沿着磁力线，源源不绝由日冕洞流向太空，形成“太阳风”。太阳风主控了行星际空间的性质。地球、木星、土星、天王星与海王星的辐射层，以及彗星的离子尾，都与太阳风有关。

太阳活动

仔细测量黑子在太阳盘面上的移动，以及测量光谱的多普勒效应，发现太阳的自转与地球不一样。太阳赤道区自转较快，约25天转一圈，南北纬三十度附近需时约30天，而南北两极区则须三十五天左右。简单地说，太阳自转速率随纬度而有不同，是不均匀自转，称为“较差自转”（differential rotation），这表明太阳本身是个流体。太阳的差别自转，在解释太阳活动的周期性变化中，扮演了转折性的角色。

配合可见光、紫外线、X射线与无线电波的观测，发现黑子是太阳表面活动频繁的区域，磁场强度可达几百高斯（高斯是测量磁场强度的单位，地球表面平均0.5高斯。）磁场是贯穿太阳表面主要活动的要角。在大型或复杂的黑子群上空，利用 H_α滤镜与紫光区的 K 滤镜观测下，都呈现明亮的块状斑。更高的日冕区中，发出很强的X射线与许多弧线。可见光日冕中则呈现盔状弧，同时也是发出强烈无线电波的区域。

太阳物理学家发展出“发电机”（dynamo）的理论，来解释太阳的周期性活动（见图 7）。在太阳宁静期，太阳内部对流层底的磁场呈南北走向。但随着太阳本身的较差自转，磁力线逐渐由南北走向转为东西走向。磁浮力把磁力线带到太阳表面。当局部的磁力线突出到太阳表面，就呈现为我们看得到的黑子。由此可解释黑子成对出现的原因与磁性。磁场浮至表面的过程中，受到科氏力的作用，东西走向的磁场会转为南北走向，但磁性与原来南北走向的磁场相反。这解释了成对黑子磁性每十一年转换的情形。

在太阳活动极大期中，黑子数量与面积都大增，闪焰与爆发日珥活动频繁。一般说来，巨大而结构复杂的黑子群形

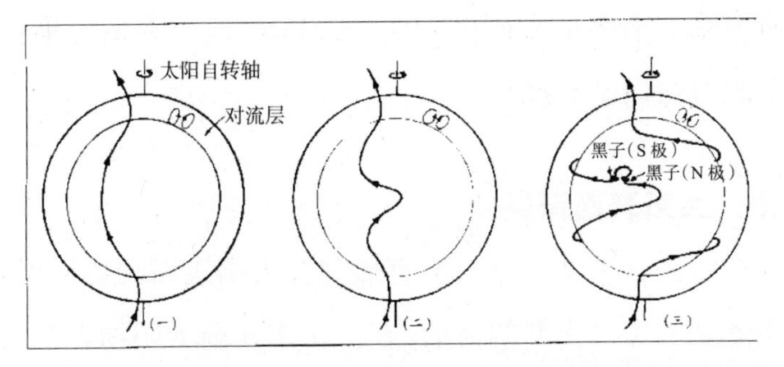

图7　发电机示意图。(一)由于太阳自转,在对流层底部形成一南北向的磁场;(二)由于太阳的“较差自转”,赤道区自转较快,磁力线被拉长(如图),同时由于磁浮力,磁力线逐渐浮向光球表面;(三)经过多次自转,磁力线被拉拽成东西向,同时部分磁力线给浮出光球表面,磁力线与光球交界处形成黑子。而温度较低的电浆沿着磁力线坠落或上升,是部分日珥的成因。磁场浮至表面的过程中,受到科氏力的作用,东西走向的磁场会转为南北走向,但磁性与原来南北走向的磁场相反。

成时，其磁场也变化难测。不断破坏重组，很容易形成闪焰。当巨大闪焰发生时，随之释出的带电粒子以每秒600千米以上的速率逃出太阳的重力，向太空逸去。少则一天多则三天，这些高能带电粒子即可到达地球附近。部分被地球的磁场捕获，而从南北两极地区闯入地球大气层，与高空大气分子交互作用的结果，产生诡谲梦幻的“极光”。另一方面，由于带电粒子干扰地球高空150～300千米处的电离层，破坏了电离层反射无线电波的功能，使得无线电噪音遽增，称为“无线电爆”。同时干扰短波无线电波的通讯与收播。通常也能轻微干扰卫星传送的电视画面。

闪焰发生时，紫外线、X射线辐射也遽增。这些高能辐射加热地球极高层的大气。结果大气受热膨胀，使得环绕地球的人造卫星受到更多的空气摩擦，速度减慢轨道降低，而减少寿命。著名的太阳极大期（SMM）时，人造卫星就因而缩短寿命而坠落烧毁。

日震：太阳表面振荡

在过去，天文学家只能直接观测太阳表面的各种现象，而不能观测探讨内部的情形。在二十多年前太阳物理学家开始侦测来自太阳中心区、核反应产生的微中子。侦测到的微中子数量只有理论预测的三分之一。目前有许多理论解释两者的差异，但仍然没有确定的答案（编者注：现在主流的说法是微中子带有质量，并且有三种微中子，之间会相互转换，称为微中子振荡）。另一种探测太阳内部的方法，是直接观测太阳表面的振荡。就像观测地震来探讨地球内部的情形，太阳物理学家也借着观测“日震”——太阳表面振荡——来探讨太阳的内部。这门新兴的学问称为“日震学”（helioseismology）。

1960 年代有人观测太阳光球上的起伏运动，意外发现太阳表面竟然有五分钟左右的振荡，随后的观测证实太阳表面有各种形式的振荡。简单说，在太阳内部的振动，形成震波向四方传播，当震波来到表面时，被表面反射回内部，再被折反回表面，持续不断而形成振荡。振荡的波长愈长，则越深入太阳内部。借着分析日震的各种模式，可以探讨太阳内部的温度、密度、自转等各种物理现象。

由于地球本身的自转，每到夜晚就中断了观测，不能连续累积观测数据以求精确的振荡频率。在 1981 年有两个群体天文家想办法解决这个问题。一个群体赴南极，利用南极永昼区来观测太阳，成功地得到五天不中断的观测数据。但是南极气温极低，仪器维护不易，加上太阳较接近地平线，也并不是理想的方式。另个一群体则采取分隔东西两地观测，这边天黑了，那边则天亮了，接力式地观测，也能得到不中断的数据。

这些数据显示，光球以下的整个对流层似乎都与表面自转的速率一致。为了得到长达数年的观测数据，美国正进行“全球振荡网路计划”（Global Oscillations Network Group, GONG）。联合全球至少六处条件良好的地点，使用相同的仪器。期望在任何时候，至少有一处能观测太阳。

银河系有两千亿颗恒星

太阳与夜晚在天空闪烁的星星是属于同类的天体，不同的是太阳离我们非常近，所以看来明亮无比。如果把太阳放在与星星同样远的距离，则太阳就成为一颗暗淡呈黄色的小星星。恒星有大有小，温度有高有低。天文学家称太阳是一颗表面温度为 6000℃的“黄色小矮星”。

在众多恒星中，也发现许多恒星有各种活动。有些恒星发出闪焰；有些恒星有巨大星斑，星斑类似太阳黑子，但规模大得多。天文学家找到一些与太阳相似的恒星，称为“太阳型恒星”。它们的亮度呈数年到十几年的不规则周期变化，与太阳十一年的周期变化相当。

在我们所处的银河系中，约有两千亿颗恒星，太阳不过是其中之一。天文学家希望借着仪器详细观察太阳，而进一步了解其他恒星。此外，太阳型恒星有多少颗？是否太阳系恒星都具有行星系统？人类生活在环绕太阳的地球上，是否太阳型恒星的行星上也可能有高等生物存在？这种种问题都是令人深感兴趣的。也有天文学家发展新的仪器与观测技巧来侦察邻近恒星的种种现象，期待对诸多问题有突破性的进展。

追寻太阳系的起源

□吴贻谦

人类对于万物的起源与演化，自古以来就有深厚的兴趣。当科学不断进展，科技日新月异，对这方面的兴趣更是逐日加深。到了太空探测事业定型，相关的活动也就系统化，成为人们讨论的焦点。

目前宇宙的起源、生命的起源，及其他星体源自何处的种种问题，已变成太空探测与科学探索的热门课题，随之应运而生的是“宇宙起源计划”（Origin Program），“外星文明搜寻”（Search of Extraterrestrial Intelligence Program），以及追寻各种星体起源的构想。

顾名思义，这些计划与构想的目的，都互有关联，因此分工合作、分门别类去探讨这个大问题，就变成必然的结果。而探测自身所处的太阳系起源，也变成一个非常重要的任务。

“创世纪任务”（Genesis Mission）就是在这个前提下诞生。它主要目的在于收集太阳风（solar wind）样品，借分析太阳风，来探寻太阳系的起源。

我们所了解的太阳系

太阳系，包括一个太阳、八个行星、 彗星与众多的小行星。大部分行星环绕太阳的轨道，都很接近在一个平面上。这个平面是人们所称的“黄道面”（ecliptic plane），在科学上称作地球环绕太阳的轨道面。任何由地球发射的太空船在行星间的飞行路线，由于受到发射火箭推力的限制，几乎全部被局限在这个平面上。想飞离黄道面，有时可以利用额外的火箭推力，或借用其他行星的引力来达到。

太阳系的形成，有不少理论和学说，但是目前可以令人接受的是“星云假说”（nebula hypothesis），因为这个假说后来得到许多证据支持，这些证据包括由“红外线天文卫星任务”（Infrared Astronomic Satellite）所得到的资料。

“星云假说”是由德国哲学家康德在18世纪提出。按照这个假说，我们的太阳与行星，是由一堆原始气体与星尘（一般认为是星河大爆炸时所遗留下的残物）所形成的庞大旋转云海，渐渐地在其本身重力的吸引下，逐渐凝聚而成。其中间部分密度最大,终而导致内部进行核融合反应而形成太阳。

外围地区沿其旋转轴而逐渐陷缩。由于自身的引力与离心力的平衡作用，而没有掉进正在形成中的太阳中。两力的拉锯战，终而把这些绕旋转轴旋转的物质，塑造成原行星盘（proto-planetary disks）的扁平形状，围绕着太阳旋转。

渐渐地，盘内的物质逐渐凝结，最终形成行星。那些靠近太阳的，主要是由岩石和金属所构成的内行星（水星、金星、地球、火星）。远离太阳的大都是由氢和氦等轻元素所构成的外行星（木星、土星、天王星、海王星），但冥王星例外，它是由岩石和冰所构成。

盘内剩下的物质多半慢慢在无限漫长的岁月中，被吹扫出太阳系之外。只有少数的星尘，与一些像彗星与游星的小天体，还遗留在太阳系之内。

利用测量陨石内铀与铅成分的比例，我们目前知道太阳系的形成，大约发生在45亿年前，同时预测它尚有大约45亿年的寿命。在太阳燃尽之前，太阳将会膨胀成天文家所说的“红巨星”（red giant）的大火球，这个火球将会盖满所有的内行星（包括地球在内），而把它们化为灰烬。此后，太阳会缩陷而冷却成“白矮星”（white dwarf）。

在托勒密（Ptolemy，公元90 — 168）时代，地球被认为是宇宙的中心，月球与太阳绕着地球运行，这个宇宙观从那时就被一般人所接受。一直到16世纪中叶，哥白尼提出太阳中心说后，才开始发生变化。哥白尼的太阳宇宙中心论，后来受到激烈的反对，甚至引发宗教制裁。

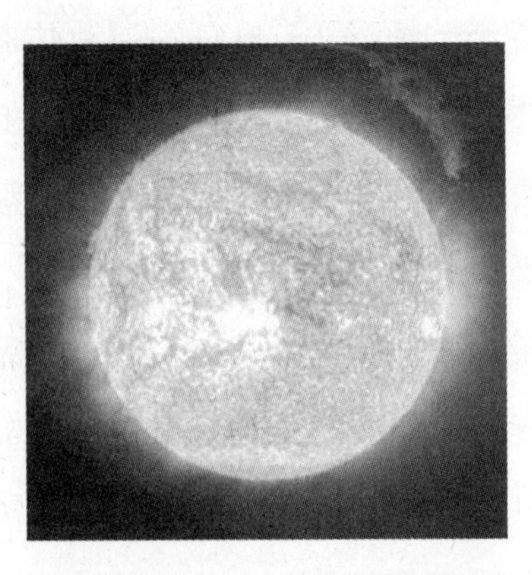

图 8　日珥(prominences)是从色球层喷出的大规模气体火焰，有时可达数 10 千米的高度。若日珥呈爆炸性喷出，就会引发地球上极光或电波障碍等现象。

17 世纪初，伽利略观察月亮和金星的运行方式，发现月亮绕地球运行，而且所观测到的金星运行方式，也只有当金星绕着太阳运转时才可解释，因此证实了哥白尼的行星运行学说。然而，要等到开普勒发表开普勒定律，以及行星运行模型，我们才对太阳系与行星绕太阳的模式有更正确的了解。

到了 17 世纪中叶，牛顿发现三大运动定律与万有引力定律，成为可以解释行星运行的根据。从这个时候，我们对太阳系的观念，才开始有比较扎实的科学基础。再加上近代的种种发现，替我们聚集了许多关于太阳系的科学知识。

总结而言，1957 年第一颗人造卫星发射，将人类带进所谓的太空时代，现在我们不只对太阳系有更多的认识，而且对整个宇宙也更加多的了解，使我们朝向揭开宇宙秘密的方向迈进。

太阳是研究的目标

按照天文学的定义，太阳属于恒星，而且是离地球最近的一颗恒星，因此地球上的生命与太阳密切相关。对太阳的研究与探查，不但对我们生活有直接帮助，还可以让我们更加详细地了解其他宇宙的恒星系统。

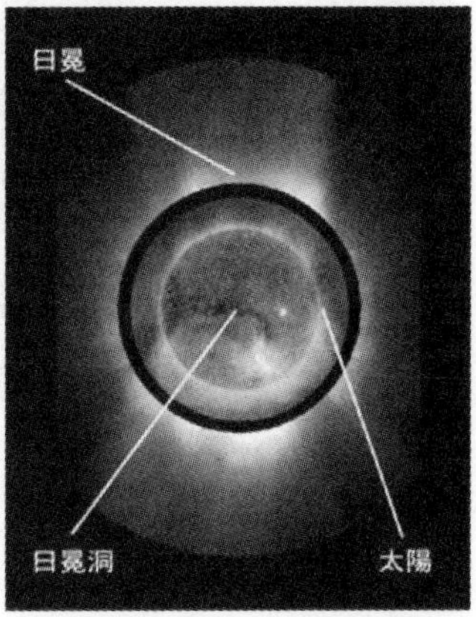

在表面上，我们知道太阳是由热气体形成的一颗巨大火球，直径约 139 万千米，中间核心的密度是水的 150 倍，但是它的平均密度只高出水 40%。虽然它所显现的有效表面温度约 5770K，其核心温度却约达 1560 万 K。

图 9　黑色圆圈之外的是日冕（corona）的紫外线影像，黑色圆圈里头的圆盘即为太阳。太阳盘面内有一些黑色的区域称为日冕洞（corona ho-les）。环绕在太阳周围的日冕是被加热到 100 万 K 以上的超高温稀薄外层大气。日冕会缓慢地膨胀，最后成为以每秒 400 千米以上的超音速太阳风穿越太阳系空间。

若由内到外分层，最中心为密度极高的核心，再次主要是以辐射形式输送能量的辐射带（radiative zone）、分界层（interface layer）、中间对流带（convection zone），以及大气层（atmosphere）。

核心占有大部分的太阳总质量。核心最初的质量分配大约是 75%的氢原子与 25%的氦原子（由于核融合反应会不断将氢原子核转变成氦原子核，因此两者比例会持续消长）。核心质量主要存在的形态是质子（或称氢原子核），与 α 粒子（或称氦原子核）。

由于核心的温度极高，导致核心部分的核融合反应把氢

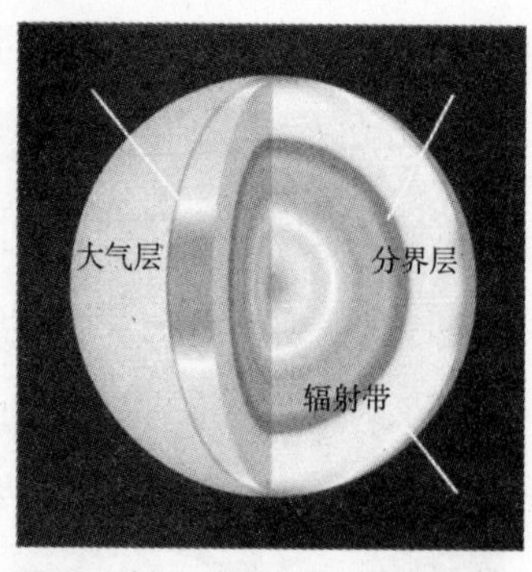

图 10　太阳内部解剖图。靠近表面的深色区域是分界层，分界层以上是靠近太阳表面的对流带，以对流方式将能量往外运送，分界层以内是辐射带，以热辐射形式将能量朝外运送。

原子核转变为氦原子核，同时释放出巨量核子能，来保持太阳内部的热度，与充分的压力，以抗拒向内的拉力，终而能避免太阳的内陷。这种原子能的形态通常为γ射线、X射线以及微中子。

太阳核心密度很高，所以光子极难穿通。因此需要约一百万年的时间，才能把太阳核心的电磁能由核心传播到太阳表面。这个缓慢的过程，正好可以保持太阳的高度稳定。

辐射带从核心向外到太阳半径的70%处，主要是以辐射的形式输送能量。这种输送方式可以避免核心内原子反应所产生的氦原子外流，使氦原子核保留在核心之内。这也是为何在整个能量输送的过程里，太阳仍可以保持一个比较稳定的核心结构。

对流带的能量输送，主要靠乱气流，由核心流向大气层，最终达到太阳表面。太阳的大气层结构非常复杂，含有光球层（photosphere，就是我们经由望远镜中看到的太阳圆盘）、色球层（chromosphere）、过渡区（transition region），与最外层的日冕（corona）。大气层接近表面的地方，能量的传送以辐射为主。

传达到表面的能量，往往显示成种种太阳表面的活动与

图11　欧洲太空总署对太阳进行观测。

现象，如极高能粒子、磁场、闪焰，以及造成高温大气层的日冕。所有这些太阳表面的活动与现象，不但会影响我们地球上的生灵，也会影响到其他行星与卫星，以及行星间的太空环境状态。这些活动与现象也会影响农作物、无线电通信，以及很多其他东西。

许多年以来，我们一直在观察并企图了解太阳。现在知道比较明显的太阳活动有太阳磁性、太阳黑子（sunspots）、日珥、闪焰、太阳风，以及由此所引发的众多现象。

由地面观察太阳已有数世纪的历史，从太空船对太阳进行观测，也进行了数十年。但大部分的观察，都是从黄道面进行长距离的远测，很少有近距离及远离黄道面的观测，而后者才是了解太阳的关键。

黄道面外的观测之所以不容易进行，主要原因是地球被绑在黄道面上，使得发射火箭的推力大大受限。然而，这种困难可以利用大行星的引力，将太空船引离黄道面来加以克服。

近距离观测的难处，在于太阳的高温及高密度高能量的微粒子，对太空船本身、其上的电子仪器及通讯效果，都会造成种种负面的影响。

由于上述的诸多困难点，目前我们仍无法直接观测太阳内部的活动，只能靠理论来进行推测。与过去不同的是，现在的推测可以利用近代外表观测所收集到的新数据，来建立比较圆满的理论。

现在对近太阳的观测还是受到很大的限制，目前在进行中的观测有：探测太阳两极的尤里西斯（Ulysses）卫星、欧洲太空总署的太阳和太阳风层探测器（Solar and Heliospheric Observatory），与几十年来一直在酝酿中的太阳探测器（solar probe）。此外，所有发射的星际太空船，也不断地收集行星间由太阳放射出来的太阳风与高能粒子资料。

目的与执行过程

大部分的太空科学家都相信，借助比较太阳系星体间物质成分的差异，可以帮助我们了解太阳系的起源。

这种想法是根据在太阳系的形成过程中，太阳与各行星受不同环境的影响，会造成本身物质成分的差异，因此比较这些差异，可大大的增加我们对太阳系起源的了解。

太阳内部由于长期核融合反应，物质成分已有很多改变，但是接近外面的部分，却因没有受到影响，而能保持原始的成分。因此研究这一部分的物质，并与行星和其他星体物质成分相比较，应可增加我们对太阳系起源的了解。

可惜太阳表面温度太高，无法直接到太阳上面收集样品，所以只能在远处收集太阳风，来研究其中的物质成分。这就是创世纪任务的基本探测观念。

这次创世纪任务是美国国家航空航天局（NASA）底下“发现计划”（Discovery Program）系列任务之一。此项计划专门支持低成本且具有明显科学目标的任务。创世纪任务由加州理工学院的喷射推进实验室（JPL）负责经营，但太空船则是由洛克希德·马丁太空公司（Lockheed Martin Astronautic）负责建造。

创世纪任务的构想开始于 1997 年，初步计划、设计与测试在 1998 年上半年进行，太空船的详细设计、建造与最后测试，是在 1998 年后半年与 2001 年上半年间完成。太空船在 2001 年 8 月 8 日成功发射，样品的收集与飞回的过程继续到 2004 年的 9 月。样品取回后的分析计划在 2004 到 2007 年间进行。

创世纪的奇特轨道

创世纪任务收集的样品，全是太阳风的内含物（由太阳发出的各种微粒），所以在收集样品期间，仪器需要正对太阳的方向。为了要长期保持这个方位，创世纪任务选择了一个非常奇怪的轨道。它是以拉格朗日 L1 点（Lagrangian point L1）作为轨道环绕中心，环绕 L1 的轨道，一般被称为光晕轨道（Halo Orbits）。拉格朗日 L1 点位于太阳与地球之间，太阳与地球引力在这里达到平衡。此点离地球将近 150 万千米（远在围绕地球的范艾伦带之外），并且当地球环绕太阳转动时，它也在太阳— L1 —地球这条直线上的固定点绕着太阳转动。在这种轨道上的太空船，就能够一直保持它与太阳的相对方位。

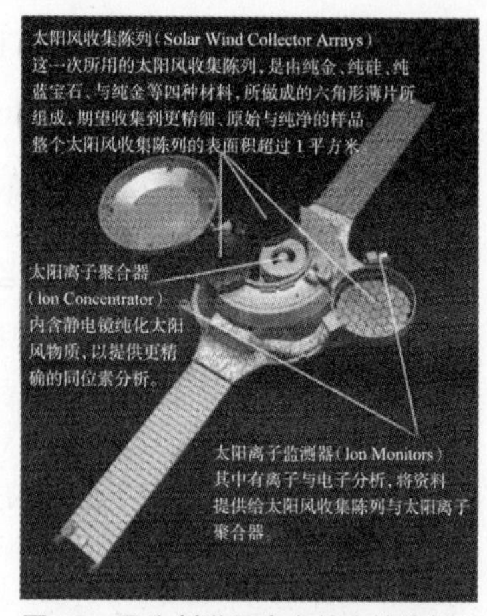

图 12　图为创世纪太空船在拉格朗日 L1 轨道上，面对太阳时的模样。

创世纪太空船在 2001 年 8 月 8 日发射后，需要大约 2.7 个月才会飞进 L1 轨道。在同年的 11 月 30 日打开其密装仪器科学罐（Science Canister），在 12 月 3 日展开仪器运行，在轨道上停留大约 29.3 个月（相当于绕行光晕轨道五次）的时间，收集太阳风样品，并且在 2004 年 4 月 2 日收封科学罐，离开 L1 飞回地球。在回程中需要特别调换飞行的船线，所以大约需要 5.3 个月的时间。在 2004 年 5 月 2 日飞经地球，再重修飞行路线。到 9 月 8 日才将样品放在一个大约 250 千克重的小太空船（Re-entry Capsule）释放进地球大气，在犹他（Utah）州沙漠地区的美国空军实验与训练场，由直升机在半空中收回，以供科学家分析研究之用。这种太空样品的收回方式，是美国国家航空航天局自 1972 年 12 月“阿波罗 17 号”任务使用过后，第一次再度使用。

任务的期望

虽然目前太阳中的物质，大半是氢气与氦气，但是科学家相信太阳系内99%以上的物质，都可以在太阳中找到。其实，在以前一连串的阿波罗任务（Apollo Missions）中，就侦察到超过60种由太阳放出的其他微量元素。

由于这次创世纪太阳风收集，暴露于太阳风直飞的路线中几乎有两年半的时间，所以科学家认为这一次可以从太阳风里收集到更多、更新的宝贵样品，因此创世纪任务中分析与研究样品的部分，大约要花三年时间。

在分析与研究的过程中，他们预备将收集到的资料加以分类，并与已有的太阳系资料，统合建立成系统性的太阳系数据资料库，作为建立太阳系演化电脑模型根据，以了解演化的过程、推测起源，并预测未来的发展。这些系统性的资料将使我们对未来有较深入的洞悉力，让我们知道该如何保护太阳系，尤其是地球上的智慧文明。

资料库与演化模型的建立，无疑将成为未来探测的重要指标，使未来的任务能够针对资料不足的领域进行，借此提高探测任务的效率。

创世纪任务的三大方向

(1)精确测量太阳中气体同位素的含量，尤其是氧、氮以及惰性气体的同位素成分，使科学家能更进一步了解陨石、彗星、月球样品，以及行星间氧的同位素变化。
(2)更精确地测量太阳中的元素成分。
(3)提供21世纪对太阳物质科学研究的库存，以取代未来收集太阳风样品的使命。

什么是陨石？

□李太枫

治平元年（1064年）常州“……天有大声如雷，乃一大星几如月……一震而坠，在宜兴县民许氏园中……地中只有一窍如杯大极深，下视之，星在其中荧荧然……久之发其窍，深三尺余，乃得一圆石，其大如拳，一头微锐，色如铁，重亦如之……”（宋沈括《梦溪笔谈》卷二十）

所有的行星，包括我们的地球，都经常被来自太空的神秘固体所撞击，上面这位细心的古代观察家所记载的就是个例证[①]。这些固体能够不让通过大气时的高温所烧毁，而达

① 欧洲人到19世纪中才相信陨石会由天上落下，美国总统杰弗逊就说过：“要我相信石头会从天上掉下来，比要我相信几个北方佬教授胡说要难得多！”而我国早在《史记》中就有“星陨地为石”的记载，诸葛亮的“命星”在五丈原坠落的故事，更是家喻户晓。

到地面的就是“陨石”。迄今人类已搜集了数千块陨石，有些是意外捡到的，另一些则是在观察到其坠落后而找得的。这些标本小的还不足一克，而大的可以重达数百吨。最重要的陨石搜集场是南极洲，世界上大约一半的标本都是在那里的冰川附近发现的。陨石在科学上很重要，因为他们是建造类地行星剩下的材料，自形成以来受过的振动不大，所以保存着太阳系初创时种种状况的记录。

古埃及人的象形文字中就有“陨石”这个字。

陨石的种类

陨石多半是石质的（stony，见表 1），其中又以球粒陨石（chondrite）为主。它们内部充满了几厘米大小硅酸盐质的球粒（chondrule），所以叫球粒陨石。球粒大概是由熔融岩浆滴，经急速冷却结晶而成的。球粒陨石是一种“集块岩”，由大大小小形形色色的各种球粒和颗粒非常细的基质所组成。图 13 和图 14 中可以看到这种基质加球粒的特殊组

表 1　　主要陨石类型及坠落频率

<table>
<tr><td rowspan="5">石质(95%)</td><td rowspan="4">球粒*(87%)</td><td rowspan="2">普通</td><td>高铁</td></tr>
<tr><td>低铁</td></tr>
<tr><td colspan="2">碳质</td></tr>
<tr><td colspan="2">玩火辉石</td></tr>
<tr><td colspan="3">非球粒(8%)</td></tr>
<tr><td colspan="4">铁质(3%)</td></tr>
<tr><td colspan="4">石铁质(2%)</td></tr>
</table>

*球粒陨石还可依受热变质影响程度，由弱至强分为 1 至 6 型，例如 C1 型是指受变质最少的碳质球粒陨石。

织。有些球粒陨石中含有多量的碳，甚至有许多有机物，因而称为碳质球粒陨石（carbonaceous chondrite）。另一些富含顽火石（enstatite,$MgSiO_3$），而组成顽火石球粒陨石；但最常见的是普通（ordinary）球粒陨石，其中又再细分为高铁和低铁两类。在以上这种化学与矿物分类之外，球粒陨石还可以依岩石学的标准另分为第 1 至第 6 型，来表示它们受太阳系早期热变质影响的程度，数目大的代表变质作用强烈。例如第 6 型由于受热强，其中矿物几乎完全重新结晶，因而抹杀了原有的球粒加基质组织，颗粒变得粗大，而不同的橄榄石颗粒间的组得也变得均匀。

图 13　阿颜得（Allende）碳质球粒陨石，底部两侧较黑的部分是通过大气时受热熔融再冷却而成的玻璃壳（fusion crust），中央的大白色物体是富含高温矿物的包体，放射性铝-26就在这里找到的。一些较小而略呈圆形的浅色物体是球粒，而细粒呈灰黑色的背景就是基质，基质中含有很多挥发性元素、有机物以及水分。

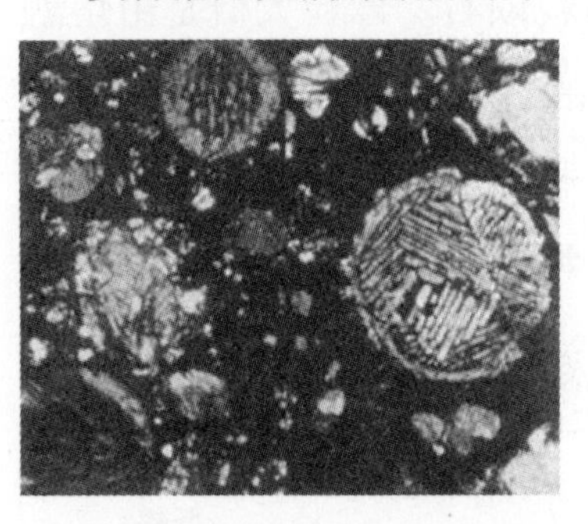

图 14　H5 型球粒陨石费思（Faith）的岩石薄片在透光下用显微镜拍的相片。不透明的是基质，有颜色的圆形物体是球粒。

不含球粒的石质陨石叫非球粒陨石（achondrite），它们包括许多不同的类型，有些像地球或月球上的玄武岩，有一些却像岩浆库底部凝结出的结晶（cumulate），另一些则是角砾岩（breccia）。大部分的非球粒陨石的演化史中，似乎都牵涉熔融作用。

铁陨石主要由铁与镍的合金所组成，只有少量磷及硫化物，有些含有石质包体。铁陨石也可按结构及组成再细分。石铁陨石中铁镍合金与石质的含量大约相当，图 15 就是个例子。铁与石铁陨石显然是由熔融的岩浆凝固而来。由于在熔融状态下石质和铁质的岩浆不能互混，所以就像水和油一样会逐渐依比重的不同而分开，这种过程显然与铁和石铁陨石的形成有关，地球的铁核或许也是这样形成的。

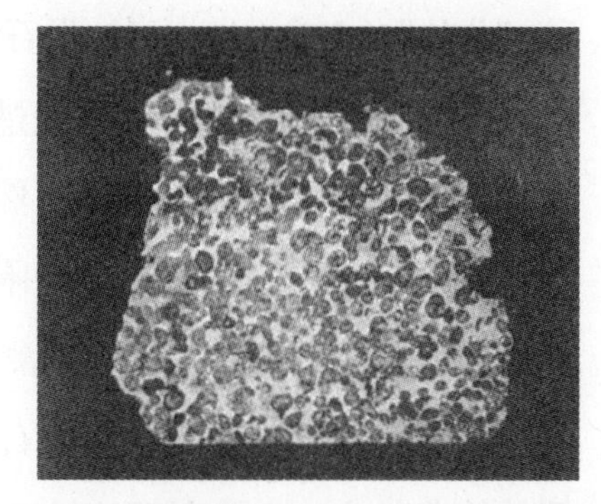

图 15　石铁质陨石泉水（spring water），黄色的晶粒是橄榄石，它们嵌在比较反光的灰色的铁镍合金中。

陨石的组成及年龄

根据推测，陨石就像所有太阳系的成员一样，是由与太阳组成相同的物质，经过一连串的化学分化作用而来的，所以组成愈接近太阳的陨石就愈“原始”（primitive）。根据这个原则，第 1 型碳质球粒陨石（简写为 C1）最原始，因为它们的组成与太阳大气中观测到的非常相似，例外的只有不易大量进入岩石的氢、氧、氮、碳及惰性气体等挥发性元素。其他的球粒陨石的组成和 C1 略有不同，例如，有些略带挥发性的元素如铅和铊等的含量，似乎随着陨石热变质作用强度的增加而减少。

非球铁质及石铁质的组成则与太阳大相径庭，因此是一种“分化”（differentiated）陨石。这是由于它们大概是由原本比较接近太阳组成的物质经过化学分化作用而来的，其中许多曾熔融过，而岩浆作用显然会造成很强烈的分化。

同位素研究增加了人类对陨石的了解。像铀-238 这类长半衰期的放射性同位素，可以测定出陨石形成的年代，利用这种测定年代方法我们得知陨石的年龄集中在 45 亿年左右，例外的非常少。可见它们比地球上最老的岩石（38 亿年）老得多，也比月球上绝大部分的岩石（约 40 亿年）老，所以它们是太阳系最早期历史的忠实的记录者。当陨石刚形成时，它们还含有一些短半衰期的放射性同位素，例如阿颜得碳质球粒陨石（见图 16）的高温包体，就含有一种铝-26 同位素，它的半衰期不到一百万年，所以只要经过几百万年就会全部衰变为镁而消失。可见陨石的形成时间，距铝-26 在其他恒星内部经过了核子反应而被合成的时间，相差不会

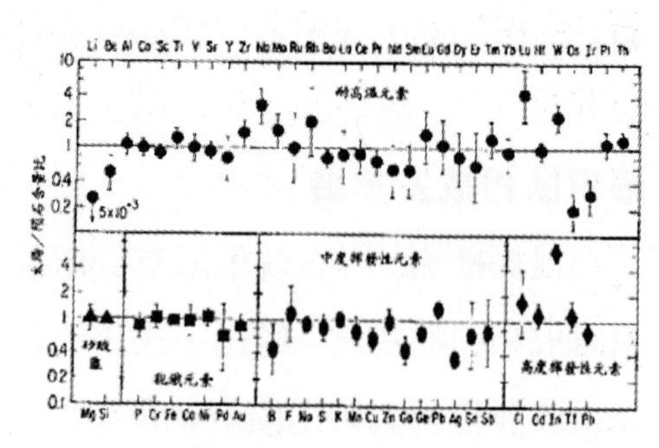

图 16　C1 球粒陨石和太阳大气的元素含量比较。如果两者相等所有数据会全部落在比值为 1 这条线上，真正不同的只有锂，太阳中的锂会慢慢在其对流层底部进行核反应而消失，所以比陨石锂含量低。有八种元素有少许差异，可能是因为太阳大气光谱含量测定的错误。其他 51 种元素的化学和物理性质有很大的不同，他们在两者中的含量却全部相符。

超过几百万年，否则铝-26无法在陨石中存在。由此可推出太阳系的年龄最多不会比陨石老几百万年，这个差别与45亿年相比，不过1%而已。铝-26的来源恒星，或许是颗超新星，所以有人甚至认为太阳系的诞生也可能是由一次邻近的超新星爆炸所促成的。

陨石的来源

陨石究竟是从哪儿来的呢？有少数几块和太空人携回的月岩相似，所以大概是由月球来的。另一小群非球粒陨石（由它们为首字母而简称为 SNC 群）的年龄较轻，约数亿年，所以大家相信是在行星级的大天体上经长期地质作用演化而来的，火星似乎是个最可能的来源。至于绝大多数的陨石，恐怕都是由太阳系中的小天体来的，他们的来源不会大过几百千米。因为几千千米的天体内部能储存热能很久，会有十亿年以上的地质活动，形成的岩石应该是各种年龄段的都有，而不会集中在45亿年左右。利用陨石冷却速率，以及它们所含对压力敏感的矿物所求出源天体的大小也大致在数百千米以下，而由陨石受宇宙线照射的时间比他们的年龄短得多，在其生命史中，大部分时间是在足够厚得能挡住宇宙线的天体中度过的，其大小必定在约1000米以上。太阳系中在几千米到几百千米大小范围内的天体，包括小行星和彗星核。

我们也可由天体力学的角度来探讨陨石的来源，陨石坠落前太空中的轨道，可以由几架分离很远的广角相机所拍的照片中，利用三角测量法来求得。至今量到的三颗陨石轨道的远日点都在小行星带附近（见图 17）还有，小行星的反射光谱也和几类陨石很相近（见图 18）。基于这些理由，人们比较倾向“小行星来源说”。但是短周期彗星的核也可能是陨石的来源，尤其值得注意的是碳质球粒陨石那么富含碳质及水分，令人怀疑是否与彗星核所放出的冰粒和微尘是类似的物质。

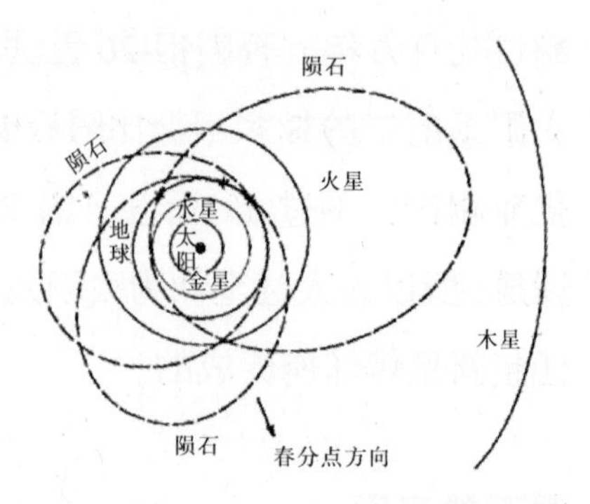

图 17　三颗普通陨石在进入大气层前的轨道。他们和一些轨道与地球轨道相交的小行星相似，远日点都在小行带附近，所以很可能来自小行星。不过许多短周期彗星的轨道也与此相似。

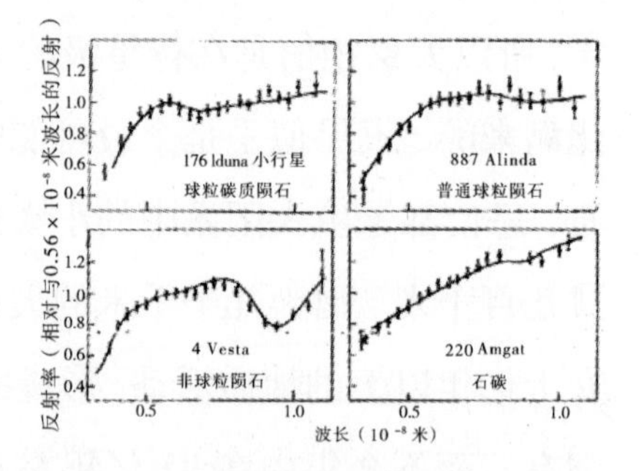

图 18　四种小行星的反射光谱（有误差线的圆点）与实验室中利用陨石粉末所量得的反射光谱（曲线）很相符。

总之来说，根据目前的了解，陨石的演化史可分下列几个阶段：

一、原始太阳气体云中在许多不同的状况下凝结的固体，形成了球粒陨石中不同的成员，有些太阳系诞生前就存在的星际微尘也可能夹杂其间。这些早期形成的物质经历了相当复杂的受热与冷却作用，因而发生多种化学分化。

二、各种成分累积成陨石母体（小行星），某种短期的热源（铝-26的同位素蜕变时发出的核能）使得一些母体发生变质，另一些发生熔融分化，这些母体大部分都在继续累积成更大的天体如行星与大卫星。这些作用在太阳系最初一亿年内大都已完成。

三、残余的母体从此就乏善可陈，只是偶尔会互相碰撞，使其表面粉碎，并在陨石内留下了撞击震波的痕迹。这些母体最后互相逐渐磨碎成小块，有些碎片进入会与地球轨道交错的椭圆轨道，最后被地球重力捕捉而坠落。由破裂成几厘米大小到与地球相遇时，约经过千万年。

如何辨认陨石？

一、石铁质：极易辨认，金属中镶有结晶透明矿物，地球上几乎无类似岩石。

二、铁质：易辨认，外壳往往有波纹状，比重大，坚硬。

三、石质：不易辨认，曾在空气中受热熔融后，急速冷却而形成玻璃质黑色外壳，尖锐突出部分均已磨圆，外壳约厚1毫米，内部为灰色石质，常有球粒。

陨石在大片沙漠、冰雪、草原等处最易发现，当发现疑似陨石时，最好由专家鉴定。最佳方法为测金属中是否含有大量的镍。新近坠落之陨石可用核子计数法，测出其含有受宇宙线照射所产生的放射性而确认。

太阳系外的行星系统

□黄相辅

由知名天文学家卡尔·萨根（Carl Sagan, 1934 — 1996）作品改编的电影《接触未来》（Contact），生动地描述着科学家永恒的梦想：我们都相信人类并不孤独。浩瀚星海中，总有“第二个地球”——另一个新世界，以及那上面与我们心意相通的智慧心灵。

电影中的主角艾莉，最后依循外星人的讯息，借由外星文明传授的先进科技被带至离地球二十五光年远的织女星（Vega），在那儿与外星人进行了第一次接触。

织女星是天空中排行第五亮的星星。在夏天晴朗的晚上，抬头看到呈直角三角形排列的“夏季大三角”，当中最耀眼、散发蓝白色光芒的亮星就是它。在天文学上，织女星有着人为的重要意义：她是天文学家用以测定光度的标准星。我们将织女星的亮度设为零，其他星星再与她比较，而得出所谓的星等[①]。

除此之外，辽阔的宇宙中，织女星其实也是颗平凡无奇的恒星，跟我们的太阳差不多。只不过她比较年轻、质量比较大，距离我们还不算太远，在地球上看起来比较亮，仅此而已。

真的是这样吗？

不知道萨根当初写小说时，为什么偏偏设定艾莉前往与外星人碰面的地点是织女星？也许萨根只是福至心灵，随手捡了个星星的名字填下去；也许，萨根明白，真的有什么不寻常的东西等在织女星旁……

1983 年，美国国家航空航天局的红外线天文卫星（Infrared Astronomical Satellite, IRAS）升空，首度开始以红外线波段巡天观测的任务。原本我们看这个宇宙的方式仅局限在可见光、无线电波等特定波段。这是因为地球的大气对某些波段的吸收或反射特别厉害，例如红外线，使得我们在地面很难接收这些电磁波。

釜底抽薪的解决之道，只有上太空！ IRAS 即身负这样

① 星等是衡量天体光度的量。

的期望，而它也真不让科学家失望，很快地，IRAS 便在织女星发现了令他们兴奋不已的奇异现象。

织女不孤

首先，我们得来复习一下物理课：

我们生活周遭的物体，无论须弥或芥子，都会依本身的温度发出强弱不等的热辐射。当然，人不会“发光”，这是因为肉眼只能看到可见光，仅占了电磁波谱里很狭窄的一小段范围，因此我们所见的世界几乎都来自于反射太阳光的能量。若你戴上能感应红外线的夜视镜，你会发觉在红外线波段下，人还满“耀眼”的，因为人体温度很低，因此放射出的热辐射大部分集中于红外线。

在物理上，我们假设能将所有接受的辐射全吸收的理想系统称为“黑体”（black body）。因此一个黑体所放出的能量，将完全来自于本身的热辐射，而不像人体还会反射外来的光线。恒星便是近似于黑体的东西，我们可将恒星所发出的能量依波长画成一个能谱分布，便能得到黑体辐射的图形（图 19）。当然，每个修过大学普通物理的学生，都能帮你补充说，这个黑体辐射公式便是来自大名

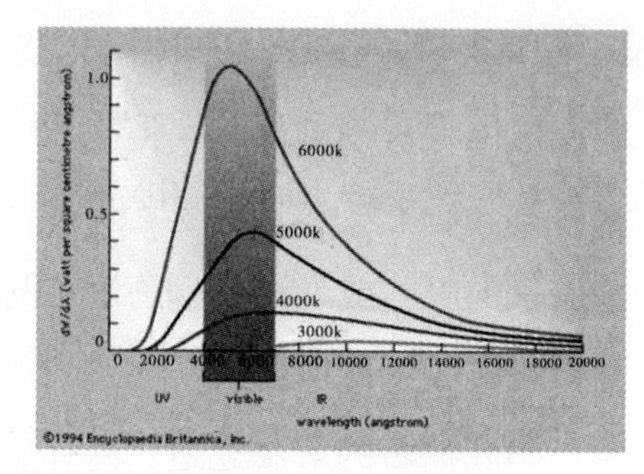

图 19　黑体辐射曲线，即普朗克函数。

鼎鼎的德国物理学家普朗克（Max Planck，1858 — 1947）。

言归正传，那么IRAS到底看到了什么不寻常的现象呢？

它发现织女星的能谱分布，竟然长得不像我们所预期的黑体辐射，在远红外线波段以外超出了理论值。这种“红外超量”（infrared excess）的现象（图 20），立刻打破我们原本对织女星普通、平凡无奇的认知。

随着 IRAS 的观测，天文学家逐渐发现织女星不是特例，有许多的主序星也具有红外超量的特征。因此天文学家给这群拥有异常红外超量的怪胎取了名字，称作“织女型”（Vega-like）恒星。

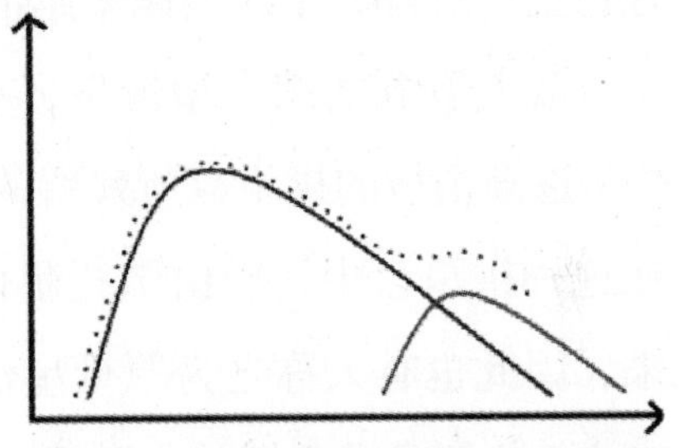

图 20　红外超量的简单示意图。横轴、纵轴如图所示，蓝线为恒星本身黑体辐射，红线为恒星周围低温尘粒的黑体辐射，虚线即为我们所见到的结果。

一砂见世界

接着，天文学家开始动脑筋，试图解答“织女型”恒星不寻常的红外超量来源。最可能的解释，便是在这些“织女型”恒星四周拥有低温的拱星物质存在。这些环星物质构成了拱星盘（circumstellar disk）或环（ring），接收母恒星的光与热，再辐射出来。由于温度与母恒星相比较显得非常低，因此它们的热辐射自然在红外线。这些拱星物质大小不一，小至几微米的尘粒，大至米级以上的微行星体（planetesimal）都有可能。

换句话说，我们等于看到了其他恒星周围的"小行星带"。

其实红外超量现象在恒星刚诞生时并不稀奇，因为年轻的原恒星被厚厚的云气"茧"所包围，这些周围的拱星物质便提供了大量的红外线能量来源。不过随着时间消逝，恒星风会将这些云气吹散，而原恒星也迈进成熟的主序带，因此理论上，红外超量便会越来越消减。

我们看到的织女型恒星，有些便可能是恒星诞生过程中，逐渐消散的拱星盘所残留的遗迹。一般认为，行星便是在这种拱星盘中，经由微行星体逐渐碰撞、累积而孕育出来，因此也有人称之为原行星盘（protoplanetary disk），换言之，这便是最早期的太阳系，一个形成中的美丽新世界。

惊艳织女盘

随着科技进步，很多拱星盘的真面目也陆续揭开面纱。当然，科学家们不会错过整个故事最早的主角——织女星。

美国亚利桑纳大学（University of Arizona）与喷射推进实验室（Jet Propulsion Laboratory, JPL）的团队，在2005年初利用史匹哲太空望远镜（Spitzer Space Telescope）对织女星进行观测，清晰地拍摄到了织女星盘的面貌（图21）。科学家惊艳于织女星盘的壮观，它的半径至少在800天文单位以上。1天文单位是太阳到地球的距离。从太阳到冥王星也不过仅50天文单位，由此便可知织女星盘的巨大了。

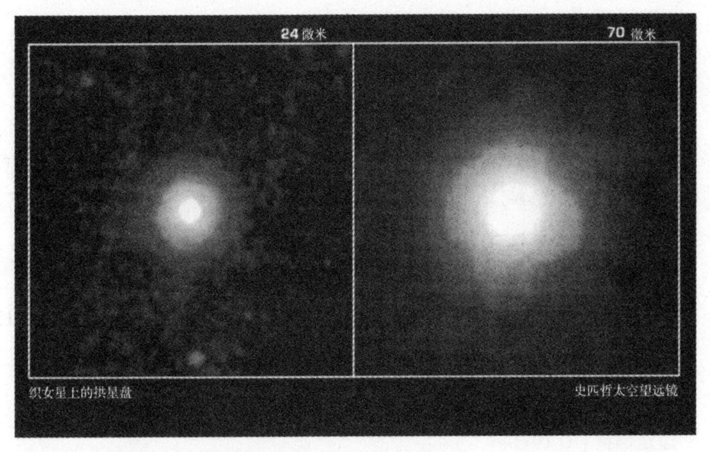

图 21　史匹哲太空望远镜拍摄的织女星盘影像。

不过织女星的年龄约 3 亿 5 千万年，对拱星盘而言，这个年纪显得太“老”了，这些尘埃理应已被恒星风吹散，或是被可能已形成的行星一扫而空。因此科学家认为，织女星盘并不是原行星盘的遗迹，而是一个逐渐消散中的“临时”拱星盘，由类似冥王星般大小的天体碰撞粉碎所造成。

值得一提的是，此研究论文的第一作者是来自台湾的天文学家苏玉玲，目前正在亚利桑那大学担任博士后研究员。“我们正目击一场约百万年前发生的撞击事件的余波荡漾。”她在面对媒体的采访时表示。

有许多其他的拱星盘，也在强力的望远镜下一一现形。它们有些面向我们，有些则是以侧面示人（图 22）。借着高解析力的影像，科学家得以深入分析它们的结构。说不定，就有颗行星躲在那令人目眩的碟子里。

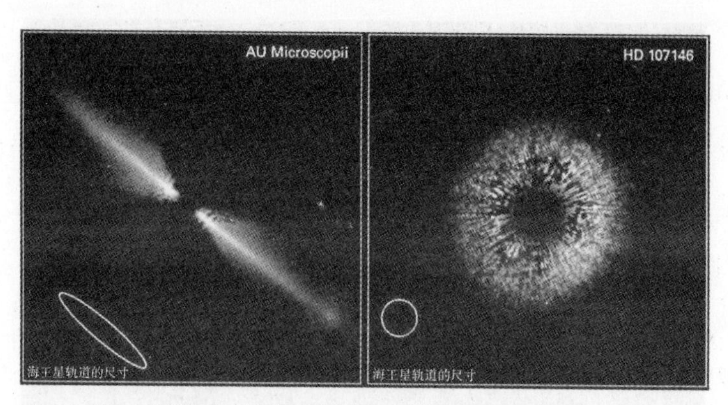

图 22　哈勃太空望远镜拍摄的两个环星盘。左边是恒星 AU Microscopii，右边是恒星 HD 107146。

热木星

以上所介绍的是可能“正在形成行星中”的拱星盘。除此之外，借由各种间接或直接手段，我们也能观测到在恒星周围运行的行星本身。“太阳系外行星”（extrasolar planets，或简称 exoplanets）的研究，近几年来，已成天文学与行星科学中逐渐热门且深具潜力的新领域。

人们最早在 1990 年代初期首次发现系外行星，不过那颗行星是绕着中子星运行。中子星是已“死亡”的恒星，它的内部已无热核反应供给稳定的光与热，又不断向外发射大量致命的高能辐射，因此在它周围的行星环境必定与地球相差甚远，这并不是科学家想要的。科学家们希望找到的，是在如太阳一般的稳定主序星旁的行星，拥有较适合生命发展的条件，才能提供我们解开生命形成之谜的线索。

1995 年，瑞士日内瓦天文台（Observatoire de Genä|e）

的米海尔·马约（Michel Mayor）与戴狄尔·魁若兹（Didier Queloz）首度在主序星飞马座 51（51 Pegasi）旁观测到系外行星。飞马座 51 是颗类似太阳的恒星，至此，科学家跨出重要的一大步：我们证实了在遥远的恒星旁，的确存在着太阳系以外的新世界。

截至 2005 年 6 月为止，我们所观测到的系外行星已累计超过一百六十颗，此数目正日新月异地攀升中[①]。由于系外行星距我们太远了，因此非常昏暗，加上被母恒星的光芒所遮掩，要直接看到它们简直难如登天。目前所发现的系外行星，几乎都以间接手段来观测，常见的方法如借由它们的重力对恒星位置造成的细微震动，或是当它们经过恒星时产生的行星凌日（transit）光度变化等。

由于观测方式的限制，目前所看到的系外行星，大都是些像木星的大家伙，质量最大可达木星的十七倍以上，但与木星相较，却又离母恒星近得许多，因此表面温度预期也相当高，我们便形容它们为“热木星”（hot Jupiters）。

最近天文学家也找到一些较小的系外行星，如 2005 年 6 月时由美国华盛顿卡耐基机构（Carnegie Institution）团队发现的一颗已知最小的系外行星，只有七倍半地球质量，便被认为很可能具有像地球一样的岩质表面。

① 2011 年 8 月已有 551 颗系外行星，另有开普勒卫星观测到 1235 颗尚待进一步验证。

预约新时代

不论是美国、欧洲或其他各地，都正在策划下一代的"行星猎人"，包括各式各样地面或太空中的观测设施。

太空方面，包括欧洲太空组织预定在2011年升空的盖雅（Gaia）、2015年之后发射的达尔文（Darwin）等卫星，以及美国国家航空航天局于2008年升空的开普勒（Kepler）望远镜、2009年发射的太空干涉仪（Space Interferometer）等。这些计划有的利用凌星方式，有的能更精确地量测恒星摄动，有的甚至希望直接获得行星光谱，各显神通。至于地面上正兴建中或筹划中的观测设施，那更是族繁不及备载。

科学界都已摩拳擦掌，准备大举投入这块方兴未艾的系外行星研究领域。有了这些更高明的神兵利器投入战场，我们不但在数量上可更有斩获，也能更深入分析系外行星的物理与化学性质。离科学家找到"第二个地球"梦想实现的那一天，是越来越接近了。

也许到那一天，人类才恍然大悟，我们的地球不过是"三千世界"中的一个，渺如沧海一粟。但是，我们并不孤独。

正如莎翁笔下，初归尘世的米兰达所说的：

"啊，美丽新世界，有这样出色的人居于此呢！"

脉冲星

□沈君山

1967 年一个寒冷的冬天，剑桥大学射电波天文实验室冷冷清清的，大部分教授和研究生都去度圣诞假期了，只有约瑟夫·贝尔（J. C Bell）——一个博士班的研究生，守候着分析射电波的仪器。这仪器把射电望远镜从外太空收集来的射电波分析后，自动做成记录，并且显示在荧光幕上。她的老板，休伊什（A. Hewish）博士，是这个实验室的主持人。自第二次世界大战后，他就投身射电波天文的研究，这个观测计划也是他策划的，但是在这阴冷的冬天，他已经带了妻小去南部度假，只有约瑟夫与冷冰冰的仪器为伴。

她像往常一样，逐列的检视那刚刚跳出来的记录，忽然她发现在 19 时角方向的天域，夹杂在噪音和其他平常的波源之间，有一个规律起伏的，波长相当于 368 厘米的射电波。她有点不太相信，可是再仔细观察一段时间后，那波源仍继续稳定的存在，而且极规律的，以 1.337 秒的周期，一起一伏稳定的发射电波。

贝尔女士所发现的，是第一个脉冲星。到今天为止，天文学家已发现了近 500 个脉冲星[①]，而且也已有了相当完满的理论解释，可是在当时，这发现却是十分意外的。当休伊什博士听到贝尔女士的报告时，他第一个反应便是要贝尔去检查一遍她的仪器，然后再查查附近是不是有特别的地面电台。因为 1.337 秒的周期实在太短了，过去的天象观测，也发现很多周期性的变星，但周期至少在几小时以上。一般星球，直径超过 10^{10} 厘米，即使光线从一端传递讯息到另一端，也要走一秒钟以上呢！

但是，经过休伊什博士研究集团全体人员再三检验观察以后，不但这一个波源确是外太空的，而且还接着发现了另外三个，这下才确定了外太空确有这样一号的天体，整个天文学界为之震惊不已。

1974 年，休伊什博士因为脉冲星的发现得到诺贝尔奖，贝尔女士毕业以后，就结了婚，不再活跃于天文学界。1976

---

① 根据澳大利亚国家天文台脉冲星表，直到 2011 年 8 月有 1973 个。

年，全世界的天文学家，在美国的得克萨斯州聚会，研讨已经成为最热门题目的脉冲星学，饮水思源，特地邀请远在英国的约瑟夫和她的夫婿伯奈尔（Burnell）为与会的贵宾。在宴会上，有人为她未获诺贝尔奖惋惜不平，她很大方地说："我虽然没有得到诺贝尔奖，但得到了伯奈尔奖，对我，伯奈尔奖比诺贝尔奖重要得多了。"

说真话，在科学园地里，从浓密的枝叶里发现金苹果固然重要，运气和努力缺一不可，但灌溉培养出这样的树更为不易，发现脉冲星休伊什之居首功，并没有不公平的地方。

到1987年底，除了已经发现的近五百个脉冲星外，每年还以平均发现二十个的速率在增加。此外从20世纪20年代到80年代又陆续发现了X射线脉冲星、X射线爆发（X-ray burster）和所谓毫秒脉冲星（millisecond pulsar）。这些现象互相关联，都是从旋转中的磁化中子星产生。现在天文学家对脉冲星的形成，其后的演进和所收到的电磁波为什么具周期性，都已有了相当完整的了解，但对其所以产生射电波的方式却还只有模糊的轮廓。

观测的结果

射电脉冲星

射电脉冲星是指发射射电波的脉冲星，现在所发现的近五百个脉冲星中，绝大部分都是无伴的单独脉冲星，只有七个确定是双星系统的一部分。双星脉冲星与单独脉冲星在脉冲星演进的历史上，处于不同的时期，故性质迥异。大部分脉冲星都分布在银河系平面附近，而以平均每秒 120 千米的速度奔离平面。所有观察到的脉冲星，除了一个可能的例外，都在本银河系内，而且大致不出两三万光年——再远就看不到了。那个例外是 PSR0592-66，许多迹象显示它是在大麦哲伦星系中。

大部分脉冲星是超新星爆炸后的遗迹，但是近五百个脉冲星中，只有三个——即使包括最近在 CTB80 云气中发现的 PSR 1951 + 32，也只有四个和超新星云气残骸（supernova remnant）是有关联的。

脉冲星最突出的特性就是它们的周期和其周期变化。单独脉冲星中，周期最短的过去一直是著名的蟹状星云脉冲星（Crab pulsar），周期 $p = 3.3\times10^{-2}$ 秒。但是，1981 年发现一个更短的脉冲星 PSR 1937 + 21，周期 $p = 1.6\times10^{-3}$ 秒。周期最长的射电脉冲星是四秒多。双星脉冲星比单独脉冲星的周期要短得多，大多在 10^{-3} ~ 10^{-1} 秒之间，但也有两三个周期长达一秒。

所有射电脉冲星的周期都在增长，但是增长得很慢，单独脉冲星的 $\dot{p}$ 介于 10^{-11} 和 10^{-16} 之间。双星脉冲星更慢，$\dot{p}$ 介于 10^{-16} 和 10^{-19} 之间。关于射电脉冲星周期和周期变化率的分布请参考图 23。

从脉冲星发射出来的射电波强度，从 $L_R = 10^{26}$ 耳格 / 秒到 $L_R = 10^{30}$ 耳格 / 秒，大致周期越短的越强（双星脉冲星例外）。还有一种特别的现象。称自转突变（glitch），就是周期短的脉冲星，在其规律化的增长的过程中，会忽然的减短一下，经过调整，又再继续增长。

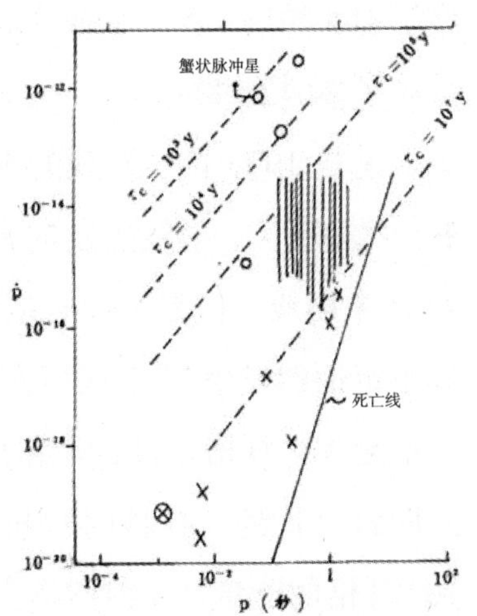

图 23　射电脉冲星的分布图。O 是比较年轻的特殊脉冲星，||||是大部分波雾聚集处，年龄（$\frac{1}{2}P/\dot{P}$）在 10^5 ~ 10^7 年之间，磁场强度（$3\times10^{19}(P/\dot{P})^{\frac{1}{2}}$）在 10^{11} ~ 10^{12} 高斯左右；× 是双星系统中的脉冲星，因为经过汇聚物质（因此也汇聚角动量）的阶段，所以年龄和磁强都不能再用 P 和 $\dot{P}$ 来估计，它们大多是很老的中子星，现在再成脉冲星已是第二春了，⊗是单星，但一般认为它原是由双星合并的。死亡线指脉冲星减缓到越过此线后，其辐射的射电波就微不足道了。

X 射线脉冲星

X 射线脉冲星指只发射 X 射线的脉冲星[①]，1971 年首度发现，现在约发现了二十余个。它们的发光强度 L_x 在 10^{35} ~ 10^{38} 耳格／秒之间，比射电脉冲星要强得多。它们的周期从 $p\approx10^{-1}$ 秒到 $p\approx10^{3}$ 秒，也比射电脉冲星要长。

最不同的是 X 射线脉冲星的周期都在减少，而且减少得很快。已发现的 X 射线脉冲星的 $\dot{p}$ ／ p 的范围从 10^{-6} ~ 10^{-2}。

所有 X 射线脉冲星都是双星系统的一员，它们的伴星

---

① 有些射电脉冲星，例如蟹状波雾，也发射 X 射线，但强度很低，X 射线脉冲星的性质完全不同。

除了 Her X — 1 外，都相当重，大多在 $10M_{\odot}$以上。

X 射线爆发

这是 1975 首度发现的现象，现在观测到的有五十个左右。大部分 X 射线爆发的光源本身，本来也连续而稳定的发射 X 射线。但是一段时期内（从几小时到几天），它会忽然不定期的发生 X 射线爆发。仅仅一秒左右，其 X 射线亮度增至 10^{38} 耳格 / 秒，相当于十万个太阳！然后经历以短到三四秒，长到一百秒的时间，慢慢衰退，总共发出 10^{39} ~ 10^{40} 耳格的能量。X 射线爆发的能量在波长间的分布，显示它是温度 3×10^{7} K 的黑体辐射，所有的 X 射线爆发波源都如此，这是很特别的特性。这表示 X 射线的爆发，系由于某种特定的机制（mechanism）。因为黑体辐射在每单位面积发出的能量，完全由它的温度决定（和 T^{4} 成正比），因此由 X 射线爆发的总发光强度，可以推算出光源们的面积，它们都相当于半径十公里的球面。

X 射线爆发的波源也应该是双星系统之一员，事实上所有 X 射线波源都应是双星系统之一，否则不可能持续的发射 X 射线。但是，因为 X 射线爆发没有周期性，它的伴星的性质并不能像 X 射线脉冲星那样设法估计。大部分 X 射线爆发的波源集中在银河系的核心部分，不像 X 射线脉冲星均匀地分布在银河系平面附近。

理论的解释

射电脉冲星、X 射线脉冲星、X 射线爆发和毫秒射电脉冲星，它们的波源都是快速旋转的磁化中子星。射电脉冲星是单独的中子星，后三者则是双星系统中的中子星。这是已被确定接受了的解释，因此，我们先将中子星大致介绍一下。

中子星

当星球——其实任何物质——密度够大时，电子就会被“挤压”而与质子结合成中子。超新星爆炸时，星球的核心部分被强度压缩，成为密度极大的残骸。若这残骸的质量≳1.5M☉，它的自我重力太大，就会继续收缩陷落下去，成为黑洞；若其质量≲1.5M☉，就会稳定下来，因为角动量守恒和磁通量守恒的关系，成为一个旋转极快而表面磁场极强的中子星。中子星和黑洞是超新星爆炸后唯有的两个结局。此外一个双星系统中的矮星，在吸收了很多伴星的物质后，也可能陷落，而成为中子星。同样的，一个双星系统中的中子星，在吸收了很多伴星的物质后，也会陷落，而成为黑洞。

中子星的理论，早在 1930 年前后就建立了，要使得简并压力平衡重力，中子星的质量（M）和半径（R）必须适合下列两方程式：

$$M < M_c \tag{1}$$

$$R = 1.5\times10^6\left(\frac{M_c}{M}\right)\frac{1}{3}cm \tag{2}$$

（1）中的 M_c 是中子星的所谓质量极限，$M_c\approx1.5M_\odot$。

因此，若质量、角动量、磁通量都不流失，百分之百守恒，我们就可推算出中子星的密度、磁强和角速度。

$$\rho=\rho_0\left(\frac{R_0}{R}\right)^3\approx10^{15}g\ /\ c.c. \tag{3}$$

$$B = B_0\left(\frac{R_0}{R}\right)^2\approx10^{12}G \tag{4}$$

$$\omega=\omega_0\left(\frac{R_0}{R}\right)^2\approx10^5sec^{-1} \tag{5}$$

其中 R_0、ρ_0、B_0 和 ω_0 是超新星核心崩溃前的半径、密度、磁强和角速度。事实上质量、磁通量，尤其是角动量，在崩溃过程中必然要流失一部分，真正中子星的 ρ、B 和 ω 要较上述方程式的估计小些。其次，核子的密度也在 10^{15}g / c.c. 左右，而在中子星的表面，其“星心加速”已达 10^{14} 厘米 / 秒 ^{2}，是地心加速的 10^{11} 倍；在中子星表面的物质，其重力位能已达其静止质能（rest mass energy）的 1/6。所以，在计算中子星的特性时，必须考虑到核子间的强作用力和广义相对论效应，（3）到（4）的估计结果只能算是粗略的上限，但基本上是不会错的。中子星内部的结构示意如图 24。

整个中子星，就像一个快速旋转的磁球，磁轴和转轴通常并不平行。在中子星的周遭，从它南磁极连到北磁极的磁力线，扩散开去，形成一个磁球层（见图 25）。磁化的中子星旋转的角动量 $\approx MR^2\omega^2$，但它的旋转使得它像无线电台的

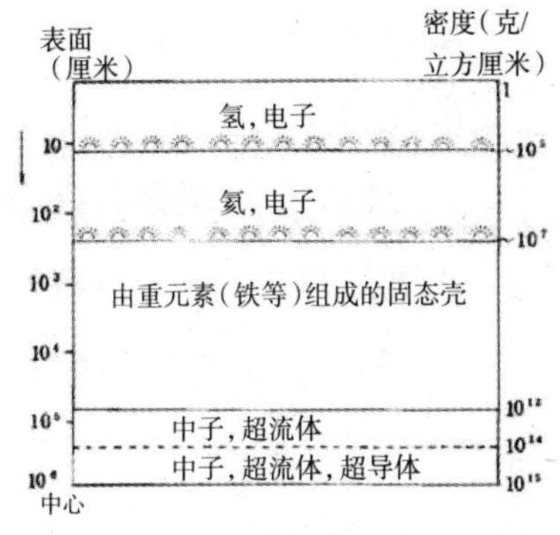

图 24　中子星结构示意图。中子星的内部（表层 1000 米以下）虽然是由中子组成（也夹杂少许的质子、电子），但表面仍是由其他元素组成。最上面的 10 厘米左右是氢，其底层温度已高到产生熔合的燃烧，再下面 1 ~ 10 米的是氦，其底层也在熔合成碳。当汇集来的物质陷入熔合层时，产生爆炸，是 X 射线爆发的原因。固态壳约厚 1000 米，承受不住重力时就产生星震的现象。

天线，不断地放出电磁波〔即所谓磁偶极辐射（magnetic dipole radiation）〕，只是这电磁波不同于一般的无线电波，它的频率相当于中子星的角速度 ω，非常低，波长超过几千千米。这样的电磁波在太空中行走不远，很快就会被附近的云气吸收。它们供应的巨大能量，成为中子星周遭云气许多剧烈活动（包括辐射）能量的来源。而它们从中子星带走的角动量，也使中子星的旋转逐渐缓慢下来。这最后一点，对于决定脉冲星的年龄有极大帮助。下文我们还会再提及。

射电脉冲星

中子星的内部虽由中子构成，表面还是由质子和电子组成的电浆。因为磁场旋转所造成的电场，促使这些质子和电子沿着连接南北磁极的磁力线流动，发射同步辐射。这同步辐射产生的射电波+沿着磁力线方向发射出去，形成一个以磁轴为中心的辐射锥筒（radiation cone，见图 25）。这个锥筒绕着中子星的旋转轴旋转，好像一个太空中的灯塔，假若

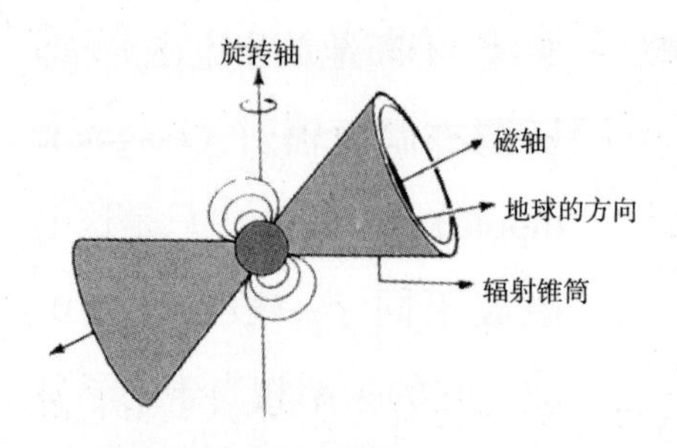

图 25　脉冲星的灯塔效应。

地球正好在这锥筒扫过的角度内，距离又不太远，地球上的观察者就会收到灯塔的讯号，也就是一闪一闪有规律周期的射电波，其周期就是中子星旋转的周期。若中子星的旋转在慢下来，脉冲星的周期也会慢下来。若中子星的旋转在加快，它的周期也在加快〔见图 26（a）〕。

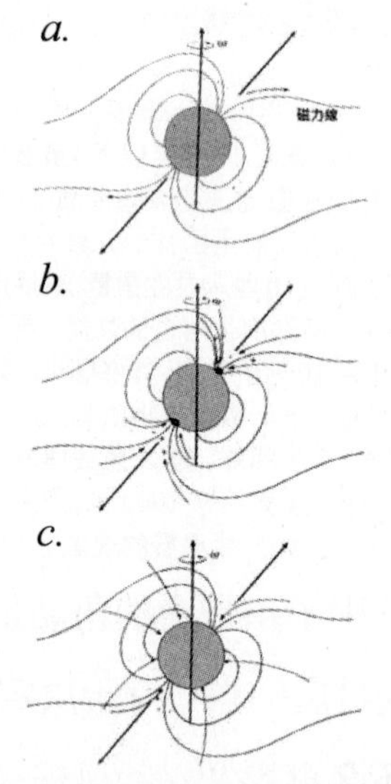

图 26　射电脉冲星、X 射线脉冲星和 X 射线爆发的解释。
(a)射电脉冲星，沿着磁力线流动的高态电子，顺磁轴的方向发射同步辐射，因灯塔效应而成脉冲星。
(b) X 射线脉冲星：汇集的物质，沿着磁力线落到中子星的磁极，使南北二磁极成为极强的 X 射线源，也因为灯塔效应而成为脉冲星。
(c) X 射线爆发：当双星系统中的中子星磁场不够强时，汇集来的物质穿越磁力线面堆集到中子星的表面，渗入表层而到氢燃烧和氦燃烧层，产生爆炸。因为没有灯塔效应，不成为脉冲星，只见不定期的 X 射线爆发。

+这样发射的射电波，其波长在几厘米到几米之间，强度不到 10^{30} 耳格 / 秒，和因为磁偶极辐射而产生的极长波长电磁波是两回事。后者很快地被周遭云气吸收，而且，即使传达到地球上来了，也不会被观测到，因波长太长了。

一个单独的脉冲星，它的旋转会因发射极长波长的电磁波而慢下来，从现在的 P 和 $\dot{P}$ 可以估计出它的年龄和磁场强度。因为一个磁轴和旋转轴夹角为 θ 的中子星，发射磁偶极辐射：

$$L=\frac{2}{3c^3}m_d^2 sin^2\theta\omega^4 \tag{6}$$

m_d 是中子星的磁偶强度。另一方面，旋转因磁偶极辐射而损失能量：

$$L=-\frac{dE}{dt}=-\frac{d}{dt}\left(\frac{1}{2}I\omega^2\right)=-I\dot{\omega}\omega \tag{7}$$

I 是中子星的惯性矩量

中子星的磁场会慢慢衰化，其磁转轴和旋转轴之间的夹角也可能逐渐缩小，但所需时间都 ≥10^8 年。因此，对于一般脉冲星（年龄≤10^7 年），m_d、I、θ 等都可看做不变而

$$-\frac{\dot{\omega}}{\omega^3}=\alpha \tag{8}$$

（8）中的$\alpha=\frac{2m_d^2sin^2\theta}{3c^3I}$是一个和中子星的磁场强度平方成正比的不变数。（8）积分后给予从诞生到现在时间

$$t=-\frac{1}{2}\cdot\frac{\dot{\omega}}{\omega}\left(1-\frac{\dot{\omega}^2}{\dot{\omega}_0^2}\right)=\frac{1}{2}\cdot\frac{p}{\dot{p}}\left(1-\frac{p_0^2}{p^2}\right) \tag{9}$$

ω_0和 P_0是脉冲星诞生时旋转的频率和周期，一般的脉冲星，现在的旋转频率已较初生时小得多，所以天文学家将 $p/2\dot{p}$ 称为脉冲星的“年龄”。

从（8）和（9）估计所得蟹状星云脉冲星的磁场大约 10^{12}G，和理论值正好相当，所得的年龄大约 1,250 年，和它

的真实年龄934年——蟹状星云脉冲星是1054年中国超新星的遗骸——更非常接近。

当中子星的旋转慢下来时，它的表层所受的“有效重力”，即重力减去离心力——会因离心力的减小而增加。然增加，产生前文提及的自转突变，因为角动量 $1 = I\omega \approx \frac{1}{2}MR^2\omega$，突变时 $\Delta l = 0$ 使得

$$\frac{\Delta R}{R} = \frac{1}{2}\frac{\Delta\omega}{\omega}$$

因此，星震时半径的陷落，可以由观测得到的突变时的 $\Delta\omega$ 来估计。像维拉脉冲星，它突变时的 $\Delta\omega/\omega$ 有高达 2×10^{-6}，因此 $\frac{\Delta R}{R} \cong 10^{-6}$，也就是说 $\Delta \mathbf{R} \lesssim 1cm$，星震时表层的滑落最多不过1厘米，比地震要缓和得多！

X射线脉冲星

假若中子星不是单独存在，而是双星系统的一部分，情形就没有前文所述那么单纯。在双星系统中的中子星，因为它半径小而质量重，往往会吸收伴星的物质，这些物质先形成一个旋转盘，然后再降落到中子星表面。因此，中子星的旋转受到两个相反的力：其一就是前文说的电磁辐射，使得它减缓；另一个绕转物质的汇集，却带来角动量，会加快旋转的速度。当后者强于前者——大多是当中子星的伴星是一个质量相当大，且半径更大的星球，因此中子星吸引它的物质较容易也较快——中子星的旋转就会加快。直到它的旋转

达到和旋转盘平衡为止，这平衡周期是：

$p_{平衡}=3f\times10^{-3}sec$ 是中子星的质量、磁强，及伴星的距离等的函数，在一般情形下大致是 1，因此，加速旋转的中子星其最后周期大致落于毫秒的范围。

假若这中子星的磁场在 10^{12}G 左右，磁球层中磁力线非常强密，汇集而来的物质就会沿着磁力线，被导引至中子星的南北磁极，在坠落至中子星表面时，这些物质所含的由重力位能转换成的巨大动能，就会化为辐射，以 X 射线的方式射出〔见图 26（b）〕。这时，中子星的南北两磁极就成为两个强大的 X 射线源，地球若正好在它的发光锥筒涵盖的角度范围内，就会看见一个周期日减的 X 射线脉冲星。

X 射线爆发

但是并不是所有中子星的磁场都会高达 10^{12}G，有的在诞生时，它的磁场就比较弱，有的则是因为年老磁衰。假若这双星系统中的中子星，它的磁场比 10^{12}G 小很多，例如：B≤$10^{10\sim9}$G，汇集而来的物质就不会再受磁力线的束缚而完全被导引到两磁极，而会相对的、均匀的落到中子星的表面，再穿过它的表层而陷入表层内氢、氦燃烧的部分〔见图 26（c）〕。因此，当物质堆集到够多时，就会引发一次爆炸——完全和氢弹或太阳内部燃烧的情形一样，只是这爆炸激发的能量大约 10^{39} 耳格，相当于 10^{18} 个氢弹，而最高峰时 $L_x\sim10^{38}$ 耳格 / 秒，相当于 10^5 个太阳！爆炸把聚集的物质烧完，暂时稳定几十分钟，然后又再开始来一次。因此X射线爆发并无确定的周期，它的温度高到3×10^7K，而分布广及全中子星的表面大约十千米的范围。

中子星和脉冲星演进的历史

上述对各种与中子星有关的现象，如脉冲星、X射线爆炸等的解释，虽细节尚缺，但都能与主要的观测证据符合，因此，已为天文学界公认。据此，我们可以描绘一个中子星演进的过程。

单独的中子星

在超新星爆炸后诞生，它是一个旋转极快（$\omega\approx10^2-10^4$）、磁场极强（$B\lesssim10^{12}G$）、密度极大（$\rho\approx10^{14}g$ / $c.c.$）而发生极长波长（$\lambda\gtrsim10^3$千米，$L\gtrsim10^{38}$耳格 / 秒）电磁波的星球。它的旋转减缓，在$\tau_r\approx10^6$年的时间减到$\omega\approx10^{-1}sec^{-1}$，它的磁场也在衰化，衰化的半周期$\simeq10^{7\sim8}$年。此后它会安安静静缓缓旋转的慢慢“死”去。

双星系统的中子星

在它诞生以后，即由两个相反的力互相竞争。也许在最初它的旋转也会减缓，但是主要由于伴星的演进，在某一阶段，某些条件适合的中子星会吸引汇集很多伴星的质量，使得它旋转的速度大增。在此一阶段，假若中子星的磁场仍在10^{12}G左右，它就成为一个X射线脉冲星（但是不一定看得见）。假若中子星的磁场已弱化到 $G^{10\sim9}$ 以下，就成为 X 射线爆发。

中子星旋转的加速到达一个几毫秒的平衡速度后，就不再增加。此后，主要要看它伴星的质量。这个双星系统最后的可能演变是：1. 经过伴星的超新星爆炸而成为两个完全分离的系统，一个就是原来的中子星，另一个可能是新生的中子星，也可能是黑洞。2. 形成一个新的双星系统，但是是一对中子星，一对中子星、白矮星，或一对中子星、黑洞等。3. 两个星球合而为一，成为一个黑洞或一个新的中子星，四周环绕着一些剩余物质。

无论哪一种可能，在这新生的系统中，再没有另一个伴星的物质可供中子星吞噬，所以原加速到周期为几毫秒的中子星，就会又因辐射电磁波而缓慢下来。不过，因为这已是它的第二春，磁场已经衰退得 $<<10^{12}G$，所以虽然旋转的周期很快，但减慢的速率却极低，成为毫秒脉冲星（假若看得见的话）。所有的毫秒脉冲星差不多都是双星系统的一员，但周期最短的 PSR1937 ＋ 21，却是一个单独中子星。很多天文学家相信它原是一个双星系统，后来因互相吸引而合并为一的。

1987A 超新星的残骸中会有一个脉冲星吗？

脉冲星的理论和观测虽已相当的符合，但天文学家并没有观测到一个真正新生的脉冲星，所以他们屏息以待地等候着，1987A 超新星残骸安静下来以后，会不会有一个脉冲星出现？但是希望不大。

现在发现的超新星残骸形成的射电波云气,约有150个，脉冲星约有500个，但和超新星的云气残骸重合的只有三个。超新星残骸的射电波云气的寿命大约 10^5 年，而脉冲星的寿命大约 10^7 年，所以500个脉冲星中只有≤1%的与云气残骸重合是很合理的——其余的中子星周遭的云气都已散失了。但是150个超新星云气残骸中只有三个含有脉冲星，表示残骸中发现我们“看得见”的脉冲星的或然率是很低的。其中地球必须要在中子星射电波的发射锥筒的角度内，是一个原因；另一个原因是，射电波的强度和中子星的磁场强度、磁轴与转轴的夹角等都有关联，射电波的强度不够强或远一点的话，地球上就观察不到了。

1987 A 离地球有17万光年远，即使地球幸而在它遗留的中子星（是不是一定有中子星？）的发射锥筒内，也不一定观察得到。但是，正像所有的天文观测，是靠天吃饭，不像物理实验的能随意愿而设计它的实验条件，所以，天文学家也只好守株待兔,希望1987 A 再创造一个惊喜的奇迹吧！

超新星、星球演化和元素合成

□李太枫

星系化学演化的主角

超新星看起来是天空中灿烂的奇观，其实它是重星球死亡前的回光返照，或是白矮星的借火自焚，两者都代表着星球演化的终结。它爆炸时，将星球演化所合成的大量重元素抛回太空，也在星际介质中炸出一个大洞，搅动了气体与灰尘，所以超新星不但是星系化学演化的主角，还控制着星际介质的结构与动态。更有趣的是，有些证据显示超新星的爆炸震波，或许还会压缩太空云气，触发下一代星球的形成。由此可见超新星在星球乃至整个星系的演化上，扮演着极重要的角色。本文描述超新星前身的演化模式，并用以解释其观测性质，特别是由 SN1987 A[①]所得到的新资料。

超新星的类别

超新星分为两类，表 2 上部列举的是它们观测性质的不同，第 I 类超新星的光度随时间的降低是指数函数（表 2），亦即星等的降低与时间成一直线。第 II 类超新星初期的变光较复杂，常有一段变化平缓的时间。第 I 类的光谱不含氢的谱线，暗示着它的前身是已经把氢烧光的星球。第 II 类的分布总在浓密的气体附近，暗示着它的前身是个重星球，所以还没离开诞生地太远，就已很快的挥霍尽核燃料而死亡。第 I 类的分布与第 II 族接近，可以在离星系圆盘很远，与球状星团的分布相似，所以它的前身大概是颗年龄可以与宇宙相若的轻星球。

表 2　　超新星的分类

特性＼类	I	II
变光曲线	简单指数	初期复杂
光谱	不含 氢	含氢
分布	不拘（第Ⅱ族）	浓密气体靠近（年轻的第 I 族）
爆炸能	10^{51} 耳格	10^{51} 耳格
总能量	10^{53} 耳格	10^{53} 耳格
前身	白矮星	重星球
模式	简并下的大核爆	重力崩溃反弹

① 1987 年爆发的超新星遗迹，位于银河系的附属星系大麦哲伦星云星。距地球约 16 万光年。在 1987 年爆炸时，在南半球肉眼可见。SN 是超新星（super Nova）的意思，1987 代表年份，A 表示是当年观察到的第一颗新星。

由光谱可以推出被炸散物质的速度，再加上对质量的估计就可得知其动能，第 I 和第 II 类超新星的爆炸能都是约 1051 耳格。但是对这次 SN1987A 的观测发现，第Ⅱ类超新星还有高达爆炸能百倍以上的能量，是以微中子的形式释出。

星球的演化与核融合

星球演化的趋势是，将轻的原子核逐步融合成重的原子核而放出能量。图一是核束缚能对原子量的作图；亦即一个核子，从自由态变成为被束缚在原子量为 A 之原子核中时，可放出的能量。例如当质子（氢原子核）融合成氦（^{4}He）时，每个质子可放出约 7MeV 能量，而由氦再一步步融合成束缚能最高的铁族原子核时，每个核子可再放出约 1.7MeV 能量。由于铁族是束缚能量最高的原子核，再融合下去不但会放出能量，还会吸收能量，所以铁是星球化学演化的终点。

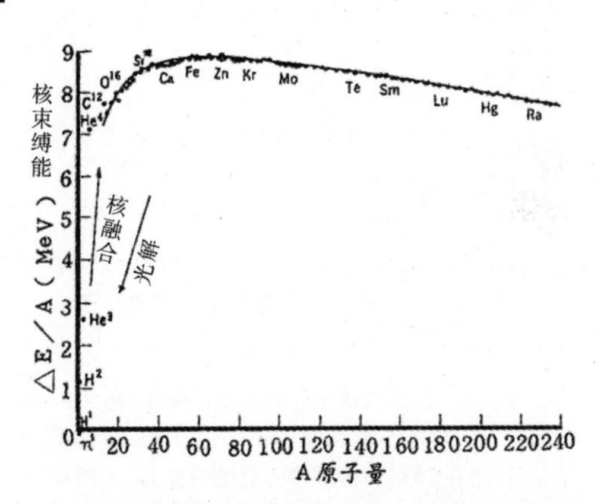

图 27　每个核子束缚在原子量 A 之原子核时，所释放出的能量。由自由质子融合成氦，每个核子放出约 7.2MeV 能量，而以下自氦经多步反应到铁，只能再放出 1.6MeV 而已。在温度高过形成铁时（约 50 亿度），热辐射已经主要以 MeV 左右的射线形式出现，则会进行光解。这是融合反应的逆作用，会吸收能量。

事实上，在达到铁融合的高温（约 5×10^{9}K），热辐射已主要为能量在 MeV 左右的高能γ射线光子，所以不但不会再进一步核融合，反而会将已形成之原子核光解（photo-disintegration）成自由粒子，这是个吸热作用，会将星球物质的热能偷走。

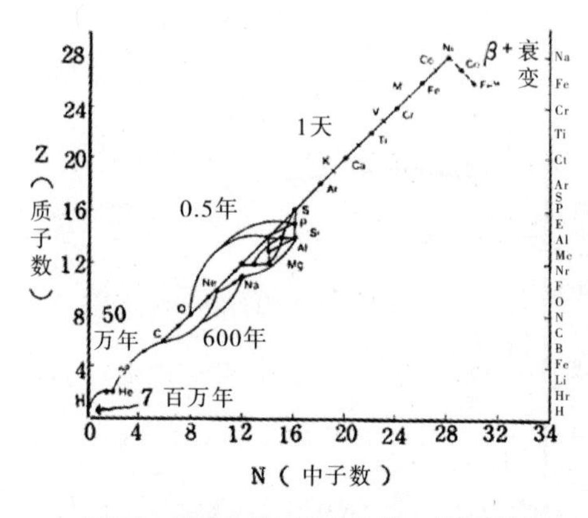

图 28　星球内核反应的步骤，由 ^{1}H 经 ^{4}He、^{12}C、^{16}O、^{29}Ne、^{28}S 至 ^{56}Ni，所注的时间是该反应在25的重星球中心能维持多久。大部反应均依 Z = N 线进行，而形成铁族原子核则需时甚短，故先形成 Z = N 的 ^{56}Ni 后，于超新星爆炸后，才慢慢 β^{+} 衰退成稳定的 ^{56}Fe。

在星球中，自氢至铁的核融合步骤可画在核种图上（见图 28），^{1}H 先融成 ^{4}He，然后三个α粒子（^{4}He）再融合成 ^{12}C，或再多捕捉一个α成为 ^{16}O。此时中心密度已足以使电子达到简并状态（degeneracy），在质量小于钱德拉塞卡（Chandrasekhar）极限（约 1.4$M_{\odot}$）的星球中，简并压力足以支持星球重量，使白矮星慢慢冷却。

这种小星球核融合反应时间很长，可达一百亿年左右才变成白矮星，而白矮星慢慢冷却的时间也很久。较重的星球的中心则因质量大、重力强，简并压力无法抵抗，因此继续收缩，直至温度增高到足以穿透两个 ^{12}C 间静电排斥的障碍，便开始进行 ^{12}C+^{12}C 融合反应为止。由此继续经过 ^{16}O 融合，

^{28}Si 燃烧，直到中心成为铁族原子核，到此无法再产生核能。故当铁心的质量达到 1.4M$_\odot$ 时，星球就面临能源不继，无法抵抗重力，因而开始崩溃。这个演化过程是越来越快的，图 28 中注有 25M$_\odot$ 星球的中心，在每一个融合阶段所能维持的时间，从 ^{12}C 融合起，不过数百年，而 ^{28}Si 更只有一天而已。

第Ⅱ类超新星模型

一颗濒临崩溃的重星球的构造如图 29，它的表面温度约 4000 K，表面密度仅 10^{-8}g / cc，而半径长达约 300R$_\odot$，比火星轨道还大，是颗红色的超巨星。它可分为中心与外套两部分，最内部约 0.01R$_\odot$以内，密度极大。在这个总体积的 3×10^{-14} 的空间里却挤了 40%的质量，称为“中心”。而较稀薄的外部称为“外套”，所含的是没有经过核融合的星球原始物质。

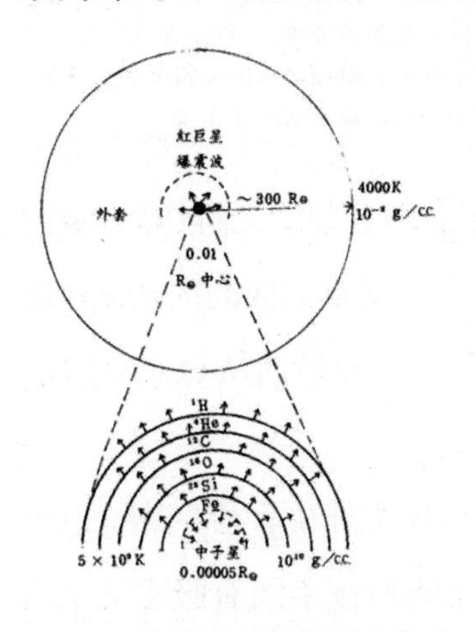

图29　第Ⅱ类超新星即将崩溃前，理论上应是类红超巨星，有大而稀的外套与小而密的中心。当中心重力崩溃成中子星时，会放出反弹波，将外部炸散，使核融合的产物放回太空中去。

乌斯里（Woosley）和魏佛（Weaver）曾计算过一颗 25M$_\odot$的星球，能量的收支与详细的密度温度变化（见图 30）。图 30 的横轴坐标是内质量而非半径，也就是用某半径以内共包含多少质量来代表半径。图 30 中很容易看到外套与中心的分界在

10M⊙，这里密度骤增一亿倍。这也是氢融合层所在，$\dot{S}_N$代表该反应供应能量的速率。

在 7.5M⊙附近是氦融合层，而这两层之间则是已被氢融合反应所改变的星球原始物质，但尚未经氦融合。再向内依序是碳、氖、氧与硅的核反应层，而铁中心则正要到达钱德拉塞卡上限。这时中心产生的微中子非常多，带走了大量的能量，而温度超过 50 亿度，光解作用强烈，也吸收不少能量，使得中心能量不足，受重力而向内崩溃。这时半径迅速缩小，密度则极快上升，于数秒内从每立方厘米 10^{10} 克增加到 10^{14} 克以上。

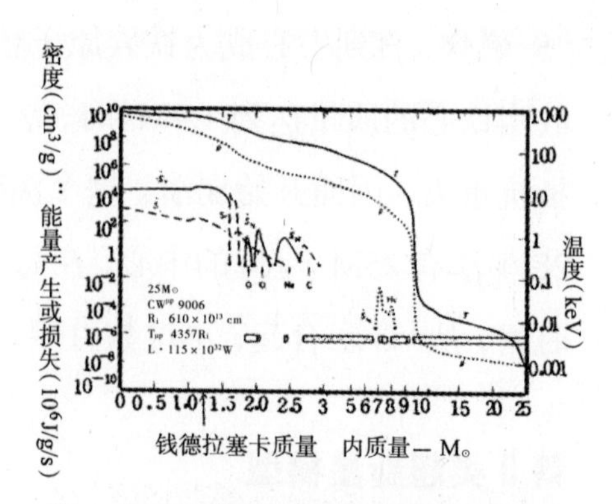

图 30 25M⊙重星球在爆炸前的结构，横轴为该半径内所含质量；外套与中心的分界在 10M⊙附近，内外密度差 108 倍。这里也是 1H 在合成 ^4He 的壳，N 代表其产生核能的速率。向内依序有 C、Ne、O 及 Si 的核反应壳层。最中心的铁心质量已经达到钱德拉塞卡上限，所以即将无法抵抗重力而崩溃。v 是微中子带走能量的速率。T 则是该损失加上铁族原子核被光解所吸收的能量损失速率。很显然中心的能量无法收支平衡。

核子间的强作用力场的位能，可以图五示意。当间距在 10^{-13} 厘米以上时，位能是负的，也就是核子间有吸引力，这就是核子被束缚在原子核内的原因。如重氢核内的质子与中子间距约在 2×10^{-13} 厘米，每个核子具有 1 MeV 左右的束缚能（见图 27）。

但到了核子间距小于 10^{-13} 厘米时，亦即密度达到

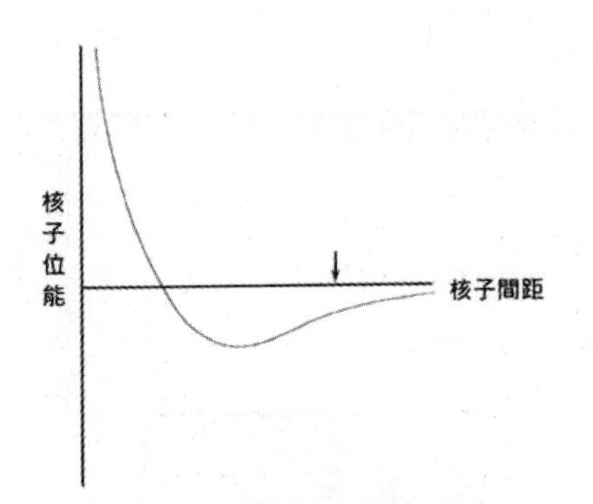

图 31 核子间强作用力的位能示意图。箭头是 2H 内 p 和 n 的间距(约 2×10^{-13}cm),位能是负的(−2MeV)可互相吸引,而在间距小于 10^{-13}cm 时,则位能变正,而有强大的排斥力,会对收缩中的物质产生阻力。

1a.m.u. /(10^{-13}cm)^3 ~ 10^{-15}g / cc 以上时[①],位能变为正,核子间有强烈的排斥力。此时向内崩溃的物质突然遭遇到阻力,但因惯性仍继续向内压挤,会暂时将部分由重力位能而来的动能,暂时储存在核子位能里,然后再释放出来。就像一个自由下落的球,突然撞到装置于地上的弹簧,惯性将弹簧压缩,最后弹簧伸张将球弹回空中。星球内也会产生类似的反弹(bounce),将外层物质向外推去。若是反弹够强,则会将星球炸毁,外层四散成为超新星,内部则继续崩溃为中子星。若是中心质量超过 2 ~ 3$M_{\odot}$以上,则会更进一步崩溃为黑洞。

当物质在高密度下变为中子时,会突然发出大量微中子。而当爆震波在向外传递时,通过每一层时,会将该层物质瞬间压缩,密度、温度突增,进行数秒钟的核反应,这种核融合称为“爆炸核合成”(explosive nucleosynthesis)。爆震波于数小时后会传至星球表面,此时光度突增为原来的百

① a.m.u. 即 atomic mass unit 之简称,1a.m.u. = 1.66033×10^{-24}g。

万倍左右，成为可见的超新星。

对这个重星崩溃反弹而成超新星的模型，有几点重要的预测：

一、超新星的前身是红巨星。

二、超新星的主要能量来源是，约 1$M_\odot$的中心崩溃到中子星大小（大约10^6厘米）时所放出的重力位能，约为 $GM^2/r \sim (6.67\times10^{-8})(2\times10^{33})^2/10^6 \sim 10^{53}$耳格，而主要的传能方式是微中子。

三、微中子数分钟内即可逸出星球，而冲击波却要数小时才到达星球表面，而引发可见光的突增。因此在时间上，可观察到的超新星爆炸之前数小时，应先测到微中子的出现。

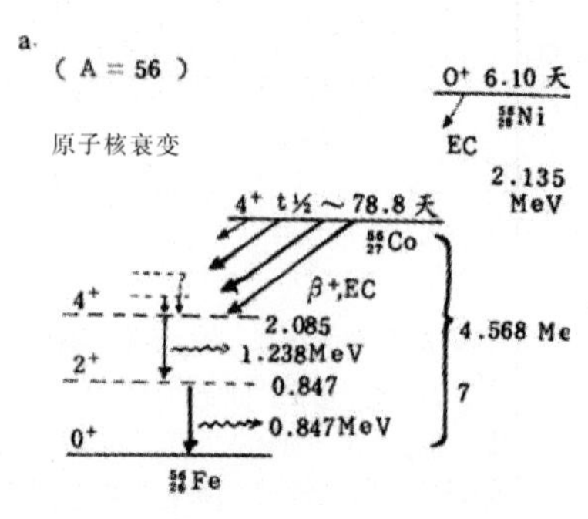

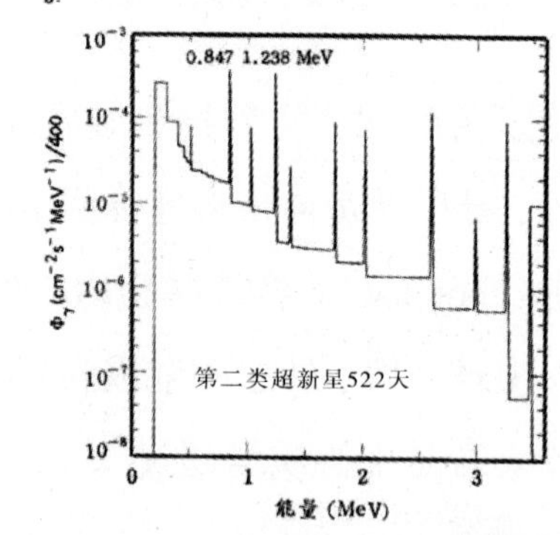

图 32 (a)A = 56 的原子核在超新星爆炸时形成 56^{Ni}，会β^+衰变经^{56}Co而成为^{56}Fe，并发出约 5 ~ 6MeV 能量。不过，这能量是受半衰期($t\frac{1}{2}$)控制而慢慢发出的，^{56}Co会衰变到^{56}Fe 的激发态，再放出γ射线而达基态。(b)第 II 类超新星发出γ射线的理论预测。最强的两条谱线，是来自^{56}Fe自第三阶到二阶及二阶到一阶的γ衰变。

四、由于因爆炸而四散的铁元素均在短时间内，由 Z（质子数）几乎等于 N（中子数）的物质（^{16}O 与 ^{28}Si 为主），经过核融合反应而形成。其

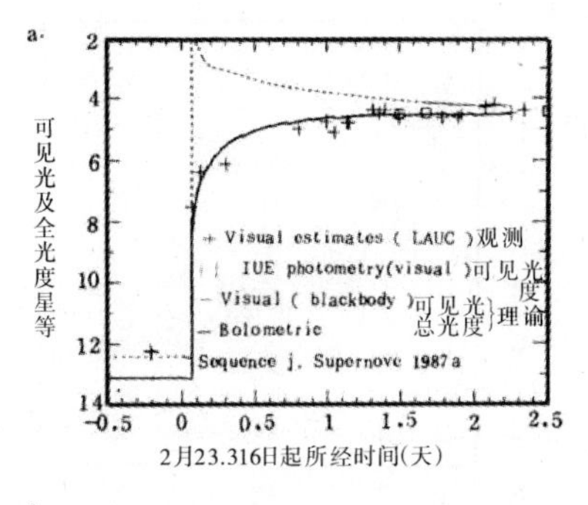

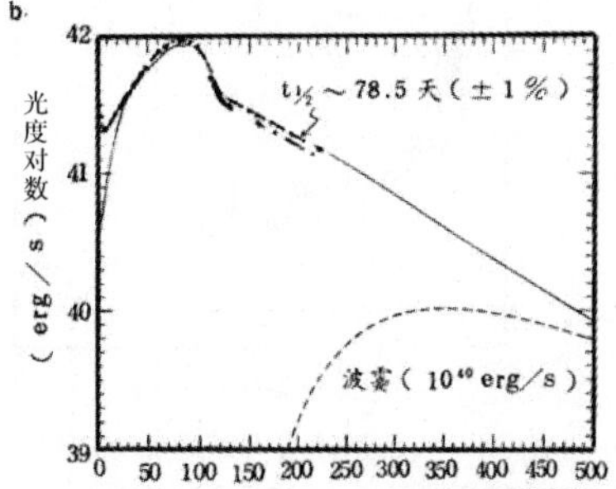

图 33 (a)SN1987 A 初期光变曲线，时间 O 点是日本及美国所侦测到微中子的时间，数小时后才看到可见光的爆发，「十」号是观测值。曲线是阿内特的模型计算。(b)SN1987 A 后期变光曲线，在 130 天后光度呈指数下降，故取对数后与时间呈直线关系。观测发现每 78.5 天光度减半，与 ^{56}Co 的半衰期 78.8 天相等。可见超新星后期的光度来自暂存于 ^{56}Co 中的能量，受 ^{56}Co 衰变所控制。

产物以 Z = N 的 ^{56}Ni 为主，而不是以正常太阳系物质中的 ^{56}Fe 为主。所以爆炸后有部分能量储存在放射性的 ^{56}Ni 中，随 ^{56}Ni→^{56}Co→^{56}Fe 之 β^+ 衰变才慢慢放出，^{56}Ni 半衰期为 6.1 天，^{56}CO 为 78.8 天（见图 32）。所以衰变时最强的 γ 射线，由 ^{56}Fe 的第三阶至第二阶及第二阶至第一阶的 1.238MeV 及 0.847MeV，应该首先侦测到。同时在爆炸后一百天以后，超新星的辐射主要来自 β^+ 衰变的正子（positron）及 γ 射线，因此光度的降低率应受半衰期控制。

理论和 SN 1987A 的比较

1987 年 2 月 23 日，在大麦哲伦星云所发现的超新星 SN1987 A，系自 17 世纪以来最亮的超新星，提供了一个印证上述理论模式的好机会，这颗超新星的光谱有氢，所以是第二类超新星。图 33（a）是爆炸初期的观测，横轴的零点是两个微中子侦测器，收到约20个微中子的时间，而第一次的观测是在约四小时后。相当符合微中子应在可见光前数小时侦测到的预测。实线是芝加哥大学的阿内特（W. D. Arnett）的超新星模型，它所预测的光度增加情形与观测“+”字号相符。不过SN1987 A的前身是一颗蓝超巨星，而非理论上推测的红超巨星。此问题有多种可能解释：其一是超巨星的外部物质由于距中心甚远，受引力小，所以容易流失，如果在巨星阶段的流失可观的质量，便有可能成为表面温度较高的蓝超巨星。

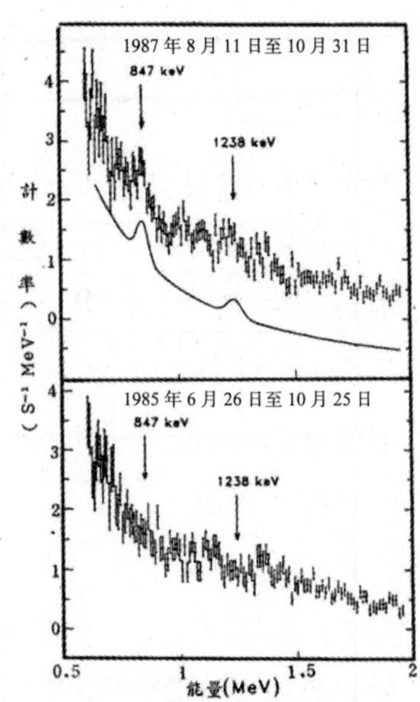

图34　太阳活动极大期观测太空船所载的射线能谱仪，在超新星爆发后约200天与爆发前所得的资料比较，似乎可看出预期的0.847及1.238MeV两条^{56}Co衰变到^{56}Fe时，所发出的v谱线。由于才在爆炸后200多天，超新星外层还没完全消散，中心的铁元素完全还没露出，所以只有少数 粒子能穿透星球大气。

图33（b）是SN1987 A后期光变曲线，可很清楚地看到在130天以后的光度降低是时间的指数函数。因此，星等（光度的对数）与时间呈直线关系，每78.5天光度降低一半。这与^{56}CO的半衰期78.8天非常接近，证实了理论的预测：后期的光源是放射性衰变的。

图34是太阳活动极大期观测太空船（Solar Maximum Mission），观测到的SN1987A的γ射线能谱，在爆发后两

百天左右的资料与爆发前的相比，果然发现了 ^{56}Fe 激发态所发出的 847 和 1238 keV 谱线，可能存在的证据。随着时间的增加，深藏在超新星深处的铁族元素会慢慢露出，应该会有更确切的证据。而在中心如果有中子星的话，它所供给的辐射能也应该慢慢可以由变化曲线中看到。SN1987A 之与理论预测相符，让我们对第 II 类超新星模型的信心大增，后继的观测应该还会澄清许多如中子星形成、超新星残骸如何与星际介质作用、是否产生星际灰尘等问题，让我们拭目以待吧！

第 I 类超新星的模型

第 I 类超新星的模型没有像第 II 类那样完备。与理论的印证也尚无像 SN1987 A 那样观测，而略为逊色。不过，大致上大家相信第 I 类超新星的前身是白矮星，因为某种原因，累积了外来的物质使得总质量超过钱德拉塞卡上限，此时整个星球会收缩，当温度达到引燃 ^{12}C 和 ^{16}O 之融合时，会发出大量核能。由于白矮星处于简并状态，温度增加并不影响压力太多，所以不像普通星球可以因热压力而膨胀、冷却、降低核反应速率。反而核反应速率因温度增高而加快，终以爆炸方式释放。而且由于简并星球的导热系数大，类似金属，所以各处温度相差小，可以将星球内大部分物质同时点燃，所以核爆非常激烈。计算中往往会得到炸得尸骨无存的结果。

简并星球爆炸能量很容易推算，由图 32 可见每个核子从 ^{12}C 或 ^{16}O 融合到 Fe 族时，可放出约 1 MeV 的能差，因而 $1M_{\odot}$ 的核子可以发出约（2×10^{33}）/（1.67×10^{-24}）$\times1.6\times10^{-6}$ ~ 10^{51} 耳格的能量，与观测到的爆炸能相仿。

这个模型的问题在于如何累积外来物质。一个可能是它有一颗伴星已经演化到红巨星的阶段，表面物质被白矮星吸引过来，这与"新星"的模型相同。不过，我们自然要问为何不会在累积一点时，就像新星一样在表面发生小爆炸呢？这些小爆炸很可能会炸散刚加入的质量，因此阻止质量的累积。有些人建议：如果伴星也是个白矮星，则两颗白矮星可能会突然合并，而发生大爆炸。这个机制尚待解决。

超新星对星系演化的影响

超新星炸开的物质中含有许多重元素，各元素间比例自 O 到 Ni 均与太阳类似，而平均含量比太阳高了 9 倍。换句话说，银河系的物质在过去若有 1 / 9 曾经历过超新星内部的核融合，就能解释组成与太阳类似的物质中大部分的重元素的来源。由此可见，超新星是银河系化学演化的要角。

超新星对银河系星际介质的结构也很重要，它们的爆炸，在太空中造成直径数百光年的大洞，洞中是高温而稀薄的气体（游离度高），而洞的周围则堆满低温而浓密的气体，两者保持着压力平衡。因此星际介质便成为松糕状，而且爆炸提供了星际云气乱动（random motion ）的能源，使其维持着一定的气体圆盘厚度，不会因碰撞而慢慢失去乱动的能量。有些证据显示，当超新星冲击波通过云圈时，会将其压缩，引起气体收缩，触发下一代星球的形成。从陨石的分析曾发现太阳系有可能也是如此形成的。所以，超新星不只是太空烟火，说不定我们得以存在也是托它之福呢！

宇宙创始者的面孔

□袁　旂

1992年4月23日，加州大学伯克利分校(Cosmic Background Explorer，COBE伯克莱分校)研究队伍的主持人斯穆特(George Smoot)，宣布了一项新发现，他们终于在微波背景辐射中找到了皱纹，这个宣告次日就以头条新闻的姿态出现在全球的大报上。

这是一个什么发现呢？报纸上面都引述了斯穆特的话，他说："这个发现就好像我们看到了上帝的面孔。"斯穆特所指的上帝就是我们宇宙的创始者，这些皱纹并不是他面孔上的皱纹，而是他在创造宇宙的那一刹那间留下的手印。这个手印的存在，天文物理学家及高能物理学家，都大大地松了一口气。因为他们三十年辛辛苦苦的工作没有白费。

我们要了解这个发现的重要性，就得从“宇宙大爆炸”说起[①]。

宇宙大爆炸

人类对其生存的宇宙空间，存着无穷尽的猜想与好奇，在科学尚未昌明的时代，人们只能用哲学的观点来揣测宇宙。哲学家认为我们的存在是没有特殊性的，所以在空间上我们所在的地方与宇宙间其他地方是相同的，在时间上我们与远古或未来也应是一样的。两个假设就成立了“完美宇宙论的原理”。一直到20世纪初期，宇宙论都是在这个原理的支配下衍生的。爱因斯坦的“静态宇宙”就是一个范例。

1930年左右哈勃（E. P. Hubble）发现了宇宙膨胀，使宇宙论起了革命性的改观，但是“完美宇宙论的原理”的实力仍在，为了不与宇宙膨胀的观测抵触，就产生了物质在不断创造的说法，创造出新的物质，正好弥补了因宇宙膨胀而减少的密度，因此宇宙的平均密度仍旧不随时间或地点而改变，这就是有名的“稳态宇宙论”（Steady State Cosmology）。

另一个宇宙论的大学派就是“宇宙大爆炸”（Big-Bang Cosmology）。主张这派学说的科学家，认为整个宇宙是由一

① big bang，指的是宇宙自起始时由一密度极高的炽热物质扩散开来的形成过程，一般译为“大爆炸”。

个密度极高、温度极高的极小空间区域急速膨胀开来，随之温度逐渐降低。爆炸后，宇宙仍不断地在膨胀，这个膨胀就是哈勃所发现的膨胀。

这两个学说是难分轩轾的，“稳态宇宙论”解释宇宙膨胀固然有些勉强，但“完美宇宙论的原理”是非常令人折服的哲学观点；“宇宙大爆炸”固然符合哈勃的观测，但是大爆炸是什么并没有交代，有点像《厚黑学》里讲的锯箭法，什么是大爆炸，那是“内科”的事了。

但是“宇宙大爆炸”还有两个优点是“稳态宇宙论”所没有的。大爆炸成功地解释了宇宙间氢与氦为什么含有 3∶1 的比例，它同时提出了微波黑体辐射的预测。这一个预测奠定了“宇宙大爆炸”今日唯我独尊的地位。

“宇宙大爆炸”的开山祖师乔治·伽莫夫（George Gamow），在创立这个学说后，就预测这个大爆炸的余烬我们今日应仍可以看到。他当年的计算是说我们可以看到 1K 的背景辐射，这个数字后来虽被修正成 3K，但其基本概念完全没有改变，没有人料到二十年后 3K 黑体微波背景辐射，无意地被发现。这个预测得到了证实，使“宇宙大爆炸”凌驾于“稳态宇宙论”之上，成了宇宙学的主导力量。

3K 微波背景辐射

什么是 3K 微波背景辐射？爆炸说主张爆炸后宇宙开始冷却，大约在三十万年后，温度到达了 3000K 左右，空间

的质子、氦核子与电子开始结合成氢原子与氦原子，这时空

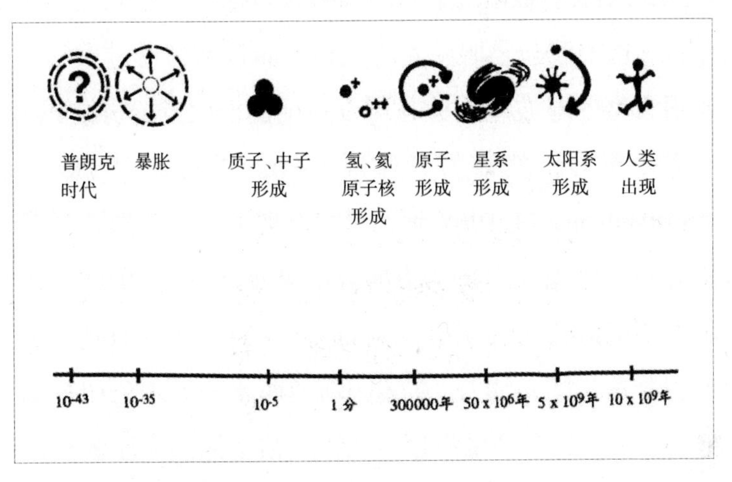

图 35　2.73K 黑体辐射微波宇宙背景辐射的比较。

间开始清朗，可见光的光子不再受质子与电子之羁绊，可以在空间通行无阻。在这之前，所有的物理现象都被 3000K 的电浆（plasma）给遮住了，所以我们能够看到的极限就是 3000K 电浆的辐射，这个辐射是黑体辐射，但是因为有宇宙的膨胀，这些辐射的波长都因重力红向移位而变长了，红向移位使 3000K 的黑体辐射变成 3K 的黑体辐射[①]。

---

① 红（蓝）向移位有两种，一种是由于波源与观测者之间相对运动造成的狭义相对论效应，又称为多普勒（Doppler）效应；另一种是局部地在空间中任两点距离都增大的广义相对论效应，造成的波长加长，称为重力红向移位。宇宙微波背景辐射由早期 3000K 时较短的波长，到今日 3K 时较长的波长，所经历的是重力红向移位。我们实际观测到的微波背景辐射偏红（蓝），则是因为本星系对一更大星系群质量中心快速运动，由多普勒效应造成的。

3000K 的黑体辐射主要的光是红光，波长 5×10^{-5} 厘米，但是 3K 的黑体辐射，主要的辐射来自微波，波长是 0.3 厘米左右，这个波长是眼睛看不到的，而且不易通过大气，一定要用大型的电波望远镜才可以在地面上收到部分的讯号。

这个讯号，就被彭齐亚斯（Arno Penzias）与威尔逊（Robert Wilson）在 1965 年无意间发现了。原来彭齐亚斯与威尔逊的工作是在测试空中的杂讯对通讯卫星的影响，这是美国贝尔电话公司的研发计划。彭齐亚斯与威尔逊制造了一个大型号角状的天线，设在美国新泽西州的贝尔公司总部所在地，是一个具有高敏感度的天线。结果他们在厘米波波段上发现了有 3K 黑体辐射的讯号，这个讯号来自四面八方，不受方向的影响，他们不知道他们寻获了一个特大讯号，一个大得可以得诺贝尔奖的讯号！当时还以为是天线表面为鸽粪污染所造成的。

他们这个消息，传到附近的普林斯顿大学，普大是“宇宙大爆炸”的大本营，这时伽莫夫已经去世，普大物理系的物理学家正在研究怎样观测 3K 黑体辐射问题。消息传来时，只有跌足长叹：“我们晚了一步”。马上把彭齐亚斯与威尔逊找来，告诉他们找到了大爆炸留下的余烬，两人终于将信将疑地把结果发表出来，普大物理系也将解释他们观测结果的论文同时发表出来，这就是驰名于世的“3K 黑体宇宙背景辐射”。（见图 36）

3K 黑体辐射的主要波段，如前所述在微波范围之内，

图 36　宇宙背景辐射
上：未经修正的观测，红向移位（较深的灰阶）与蓝向移位（较浅的灰阶），显示地球在宇宙中之运动。
中：将地球运动除去后，剩下的就是银河系的微波辐射。
下：消除银河系微波辐射，就是微波宇宙背景辐射的“皱纹”了。

而彭齐亚斯与威尔逊所看到的只是厘米波的部位。微波的波段波长是毫米、次毫米，不仅在海平面上不易看到，而且能够接收它的接收机技术那时还没有，所以 3K 黑体辐射所缺少的波段，是慢慢地补起来的。这些后来的观测也都证实了彭齐亚斯与威尔逊的结果，也巩固了“宇宙大爆炸”唯我独尊的地位，彭齐亚斯与威尔逊就因此在 1981 年得到诺贝尔物理奖。

暴胀宇宙说

“宇宙大爆炸”固然解释了哈勃的宇宙膨胀，宇宙间氢与氦 3 : 1 的比例，而且戏剧化地预测了微波宇宙背景辐射。树立了它至高的学术地位，这并不表示它解决了宇宙学所有的问题，实际比较其他的科学，宇宙学还在襁褓期呢，我们对宇宙的观测非常有限，理论还在半哲学的状态中。

“宇宙大爆炸”正是趾高气扬地预测了宇宙微波背景辐

射，击败了“稳态宇宙论”，马上就面临了一些挑战问题，这些问题概括起来，共有三项。（一）为什么会有大爆炸？（二）为什么观测到的宇宙是这样的均匀？（三）为什么宇宙的空间会这样的“平”？

我们从“平”讲起，天文物理学讲“平”是指宇宙空间的曲率，这个曲率是用一个希腊字母 Ω 来表示，基本上它是一个动能与位能的比值（也可以说是宇宙物质密度与临界密度的比值）。我们以发射火箭为例，当火箭的动能超过位能，火箭的速率可以脱离地球的引力，$\Omega > 1$，火箭的轨道是开放的。相反，当动能小于位能，$\Omega < 1$，火箭终将被地球引拉回来，火箭的轨道是封闭的。当 $\Omega = 0$，火箭就也跑不出去，也回不来。这时我们说火箭的轨道是“平”的。火箭的 Ω 开始大于 1 时，它将永远大于 1，而且它离地面愈远，位能就愈小，Ω 就愈大，所以 Ω 愈来愈大。相反，Ω 开始小于 1，将永远小于 1，当它到达最高点时，$\Omega = 0$，在过程中我们只要知道发射了多久及现在的 Ω 值，就可以反推它开始的 Ω 值。用曲率来解释 Ω 也是一样的，Ω 代表一个曲率。以气球表面来说，当气球小的时候，它的表面曲率很大；但气球吹大后，表面曲率就变小，球变成无穷大时，曲率趋近于 1。

宇宙的情形也是相似，我们从观测中得到宇宙空间的平均密度，然后再从星系的速率，求得它的临界密度，算出它

现在的 Ω，天文学家得到的这个数值是在 0.01 到 0.1 之间，然后我们再反推大爆炸开始时的 Ω。由上所述，我们知道这个值应该小于 1，但是宇宙的寿命已有 150 亿年，经过了 150 亿年，它的数字仍是 0.01 到 0.1 间，那它开始的Ω将是 0.999999……一个非常接近于 1 而非 1 的数字。宇宙的创造者为什么会选这样一个“平”的 Ω，难道也是巧合吗？

其次，我们再看均匀的问题，这里所谓的均匀是指微波背景辐射之均匀。我们无论往哪一方面去看，背景辐射的温度都是相同的。乍听起来似乎没有什么不对，但仔细分析起来，就有问题了。因为大爆炸发生得太快，在这个一刹那之间，是不是可能有时间把宇宙的温度调得这样均匀？物理学家告诉我们这是不可能的，所有我们知道的热传递都不可能在宇宙形成之刹那间把温度调匀。大爆炸预测了微波背景辐射，但又惹出了一个不好缠的均匀问题。

第三，是老问题，大爆炸是如何产生的？宇宙大爆炸只提供了爆炸后的景象，但是为什么会有爆炸，这个问题，它没有碰。

20 世纪 70 年代，物理学家开始着手第三个问题，因为在开始一刹那，温度极高，能量极大，宇宙还不是物质宇宙，高能物理学家认为在这个环境里，强作用力、弱作用力，及电磁力可以统一起来，这就是大统一场论（Grand Unified Theory）。诺贝尔物理学家温柏格（Steven Weinberg）

就发现在那短暂时间中光子（photon）与重子（baryons）之比是 $10^9:1$，稍后就有真空相变的概念产生。然后预测有磁单极（magnetic monopole）的存在，而且为数不少。但是磁单极却一直没有被正式发现过，所以研究宇宙创始的物理学家，想从真空相变而出现大爆炸，而造成物质宇宙，又衍生了一个磁单极的问题。

一直到 1980 年，古斯（Alan Guth）提出了宇宙暴胀说（Inflationary Universe）①，以上的三个问题才都迎刃而解。

什么是暴胀说？古斯在研究真空相变时，发现某一种真空状态下，物质之间没有引力，而是排斥力，这排斥力可以促起宇宙的暴胀。这个暴胀发生在宇宙只有 10^{-35} 秒的时候，一直到 10^{-32} 秒才停止。这一个暴胀是难以想象的，据估计，它把原来 10^{-25} 厘米直径的宇宙，在某些特殊状况下会一下膨胀到 10^{440} 厘米。（速度远大于光速，但并不关系到讯息的传播，所以并不违背物理原理。）（见图 37）

这一个暴胀使原始的宇宙变得非常的"平"（就像气球吹得无限大），Ω 非常地接近于 1，而且膨胀可以使原始的

① Inflation 一词来自经济学中"通货膨胀"一词，没有人不觉得通货膨胀是太快了，以此形容宇宙大小的迅速扩张恰到好处，并非"水涨船高"之意。所以或有译为"暴涨"的，应是误解原词的意义。

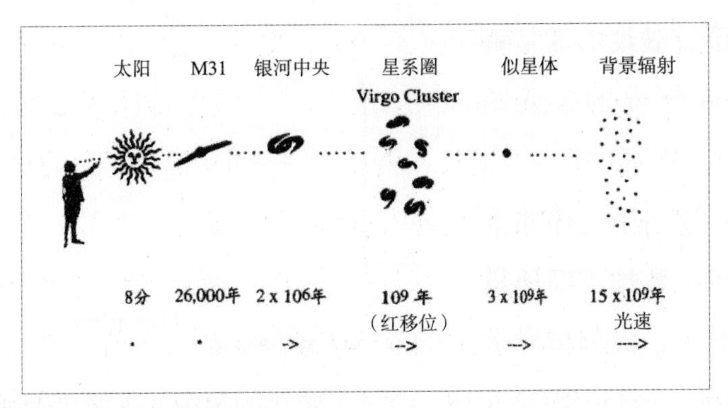

图 37　大爆炸宇宙形成示意图

宇宙变得无比的均匀。同时也使单极子的密度大幅度的减少，减少到今天无法找到。所以暴胀宇宙说一出，洛阳纸贵，这一个学说马上就在宇宙大爆炸中扮演了一个主角的地位。

道高一尺，魔高一丈，暴胀宇宙说固然解了三个困扰宇宙大爆炸的难题，但是本身也制造了一个新问题，这就是量子起伏（Quantum Fluctuation）。这个量子起伏随暴胀理论而存在，在暴胀之后，应仍存在，这就是宇宙背景辐射应出现的皱纹。这个皱纹很小，但是应该可以在大气层之外看得到。这就是“宇宙背景探测器”的任务了。

COBE——宇宙背景探测器

COBE“宇宙背景探测器”，是 1989 年由美国国家航空航天局发射的一个科学卫星，它上面有专门接收微波辐射的仪器，敏感度可以到 10^{-6}K。而背景辐射的皱纹是 10^{-5}K，如果有皱纹的话是很容易分辨的（见图38）。

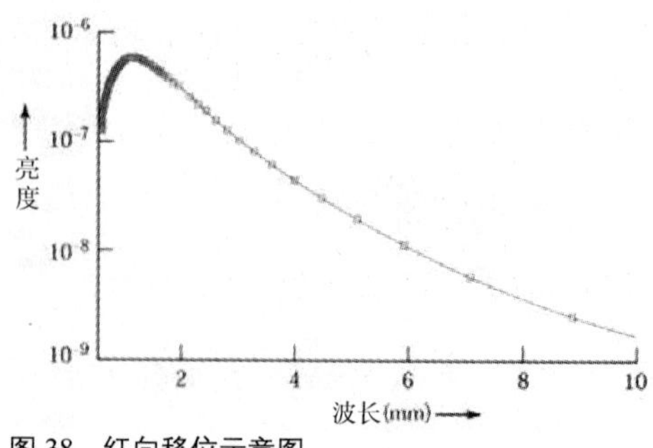

图 38　红向移位示意图

这一个工作非常艰巨，数据不断地累积起来，而分析异常困难。一直到 1992 年初，经过了两年的努力，才终于找到了这个小小的皱纹，这工作之难可以形容成在稻草堆中找针。

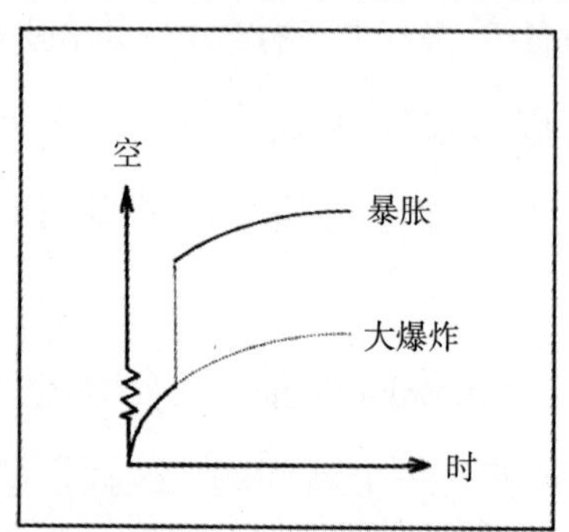

图39　暴胀宇宙说示意图，以时间与一维空间表示。

微波背景辐射的温度后来已经更精密地测定为 2.73K。加州大学斯穆特的工作小组，测出了 30±5×10 －6K 的小皱纹。这个皱纹的产生是因为微波经过 3000K 的电浆时，波长会被重力拉长。按照理论推算，大爆炸后三十万年，仍应有量子起伏遗留下的痕迹，那就是区域的密度会有起伏。通过密度高区域的地方微波的波长，会较通过密度低区域的波长要长些。这个区别就呈现于黑体辐射温度上的差异，也就是所谓的皱纹。

观测到了宇宙背景辐射的皱纹，就证实了在暴胀前，宇宙起始后 10^{-35} 秒时的量子起伏。量子起伏的成立，就符合大统一场论的推测，因而巩固了暴胀宇宙说的结果，确定了宇宙大爆炸的地位。

所以看到了皱纹，高能物理学家都松了一口气，宇宙大爆炸和暴胀宇宙说的支持者，都眉飞色舞了。

宇宙创始者以至快手法创造了宇宙，她手法虽快，我们仍在 10^{-35} 秒看到她留下的手印，10^{-35} 秒离 0 秒是这样的近，我们真的看到了她的面孔吗？

无巧不成宇宙

□郭兆林

英国的数学家、哲学家罗素曾经写过一篇寓言，大意是一个虔诚的教徒死后上了天堂，结果天堂的图书管理员花了几十年，才从资料库中找出地球的资料。据资料显示，地球只是茫茫星海里一颗微不足道的小星球，这位管理员搞不懂为何来自这颗星球的那信徒拼命抬高自己的身价。这个寓言主要是嘲笑人们自尊自大的心理，突显人类在宇宙中的渺小。

罗素并不是第一个持有这种想法的人，从哥白尼提出地动说（编者注：又称月心说）以来，经由伽利略、开普勒以及现代天文学家的努力，人们发现地球不但不在宇宙中心，它所环绕的太阳也不过是庞大银河系边陲一个毫不起眼的恒星，而浩瀚的宇宙中像银河系这种星系更不知有多少！在天文学上，人类中心论一次次地失败——所有的证据都显示，我们的地球和太阳在宇宙中处于一个很平凡的地位。那“人”又是什么呢？生物学家告诉我们：人类，和地球上其他生物一样，只是生化反应的偶然产物。随着这几百年来科学的发展，“人类不是万物主宰”的想法不仅深植天文学家的心中，也影响人们的生活哲学。这种概念，人们称之为“哥白尼原理”（Corpernican Principle）或“折中原则”（Priniciple of Mediocrity）。

然而，随着观测和理论的日新月异，天文物理学家一再发现一件令人惊讶的事：大自然固然不是为人类而造，但它却平衡得如此精确，只要各种参数稍有改变，人类就无法产生。因此，自20世纪70年代以来，有一种理论大行其道，它将人类放在宇宙中的重要地位，并以此“解决”许多天文物理上的难题。不论支持或反对，这种理论引起天文物理学家的广泛回响。这个理论就是“人择原理”（Anthropic Principle，或译“人本原理”）。

“宜人”的宇宙

当人类立足地球观察四周的环境时，会发现太阳系里头尽是一些荒凉星球。除了地球以外的其他行星、卫星、小行星等，不是太热太冷，就是缺水缺氧。只有地球得天独厚，充满生机。这当然不是巧合，而是我们以人类的眼睛看宇宙的必然现象——只有像地球这样的环境才能孕育生命，所以人类诞生后，她看到的必定是这幅“宜人”的景象。这可以说是受限于观测者的一种选择效应。

如果视野放宽一些，我们也会观察到其他类似的现象。各式各样的基本粒子和重力、电磁力、强作用力及弱作用力四种交互作用力，一起构成我们多彩多姿的物理世界。在现有理论中，这些基本粒子的质量，以及交互作用力的耦合常数，是无法推导出来的，也就是说，它们只能被视为自然常数。然而，科学家们惊讶地发现，如果这些自然常数的值稍有不同，宇宙将会有完全不同的面貌，而使生命的出现变得不可能。

举例来说，如果结合原子核的强作用力其耦合常数与现在稍有不同，会大大地影响恒星内部的核反应，使宇宙中的碳元素少得可怜，甚至使宇宙中除了氢之外无法生成其他元素！而弱作用力的大小若稍有改变会发生什么事呢？超新星爆炸将不会发生，使恒星制造的重元素无法进入星际空间。这样一来，行星、有机物以及生命，都不会诞生。

为了解释这一连串的巧合，科学家提出了“人择原理”：“身为碳基生物的人类所观测到的宇宙性质，必须容许人类自己的存在。也就是说，我们所观察到的物理定律、自然常数、初始条件乃至于空间维度等性质，必须容许观测者的存在，而不是随机的。”

科学家仔细研究了宇宙之后，问道：为何宇宙这么特殊？而“人择原理”给这问题的回答是：如果宇宙不是这样，就无法产生生命，我们也就无从提出这个问题了！这个答案在初看之下并没有回答任何问题。用较专业的术语来说，这个叙述似乎是“同义反复”（tautology）。然而，包括著名物理学家惠勒（J. A. Wheeler）在内的支持者，却一再驳斥这种说法。意见分歧的原因，在于对“多元宇宙”的信仰。对于只相信一个宇宙的人来说，“人择原理”完全没有回答我们原来的疑问，也就是说，“人择原理”是不折不扣的同义反复。然而，如果采纳了“多元宇宙”的观点，一切就变得很有说服力了。因为，在物理学家的想象中，宇宙甚至可能有无穷多个！这样一来，不论孕育智慧生物必须满足多么严苛的条件，终究会有这样的宇宙出现。更何况，宇宙的性质需仰赖智慧生物来研究，因此任何被研究的宇宙都必须满足这些严苛的条件。这也就是我们看到那么多巧合的原因。值得一提的是，“人择原理”虽然强调观测者，但并没有将“人类”这个物种提升到某一特别的地位，算是维持了一贯客观的科学精神。

接下来，我们要看一些天文物理学上的事实，回顾“人择原理”的滥觞，以及它的发展；最后，再谈谈“人择原理”所面临的问题。

狄拉克的“大数假说”

早在公元前几世纪时，阿基米德就曾经估计过填满宇宙所需要的沙粒个数。虽然他得到的数字到了现代已不具任何意义，但这一历史事件也显示了科学家对自然中存在的“大数”很早就感兴趣。科学史上，许多关于自然物理量的数学关系式，初看为巧合，后来却证明有其物理的必然性。例如，19 世纪中叶，韦伯（J. Weber）等人首先测得“电荷”和“磁荷”的比值为 3.107×10^{10}cm / sec，物理学家立刻发现这个值与光速极为接近。随后，麦斯威尔（J. C. Maxwell）的完整电磁理论才解开了这个谜。而到了 20 世纪，许多原子科学的经验公式更刺激了量子力学的发展。对自然常数最为着迷的人，非英国科学家爱丁顿（A. S. Eddington）莫属。基于个人的哲学信仰，他终其一生在寻找一种可以解释所有自然常数的理论。

然而，在科学家对自然界里神秘数字的探索之中，最受重视的要数 1938 年狄拉克（P. A. M. Dirac）提出的“大数假说”。

狄拉克研究的对象是物理世界中无单位的常数。他发现宇宙的年龄 T 若以某种原子时间单位表示，是 10^{40}。宇宙中的粒子总数 N 是 10^{80}。而重力精细结构常数 α_G（代表重力强度）为 10^{-40}。狄拉克，这位曾对相对论性量子力学作出重大贡献的杰出物理学家，发现到 $N \sim T^2$，而 $\alpha_G \sim 1 / T$。这几个并不相干的物理量之间，存在这种关系是很不可思议的事。对狄拉克来说，这绝非是巧合，而代表更深刻的物理意义。为了解释这个现象，狄拉克提出一个大胆的假设：上述的关系式其实是恒等式，宇宙的“大数”和宇宙年龄有关。也就是说，重力强度随时间减弱！

狄拉克将一向被认为是常数的α_G视为时间的函数，引起了很多讨论。泰勒（E. Teller）在 1948 年指出，如果过去的重力比现在强，太阳光度会比较亮，地球的公转半径则会较小。经计算的结果，在寒武纪之前地表温度超过水的沸点，而这与已知的地球历史不符。

美国物理学家狄克（R. Dicke）花了许多精力研究狄拉克的理论，他本身也提出一个包含着“时变重力常数”的严谨理论。然而在思索这个问题的同时，狄克逐渐意识到一件事：我们对“大数”的观测，事实上暗藏着生物因素。他认为，我们看到的这种关于大数的等式，在很久以前和很久以后也都不成立，而只有“现在”成立。而“现在”所代表的意义，是宇宙出现智慧生物的时间。有了这层认知，我们就没有必要假设重力强度随时间减弱，来解释大数巧合了。狄克的“故事”是这样的：构成生物需要由比氢、氦更重的元素构成的有机组织来担任复制、联络、记忆、知觉等复杂的工作，而这些重元素来自超新星爆炸后的残骸。而且，这些较重的元素也造成了生物成长、演化所需要的居住环境——行星。因此生物必须在一批恒星死亡之后才能产生（重恒星以超新星爆炸的方式结束生命）。换句话说，我们现在所看到的宇宙年龄T，大约等于主序恒星的平均寿命T_{ms}，T_{ms}而是多长呢？根据狄克估计，$T_{ms} \sim 1 / \alpha_G$！

狄拉克将关系$\alpha_G \sim 1 / T$视为恒等式，其实暗藏了“折中原理”的精神。然而，狄基却注意到$T \sim T_{ms}$，也就是说，在很久以前，当$T \leqslant 1 / \alpha_G$（即$\alpha_G \leqslant 1 / T$）时，没有任何“东西”能对这件事发表意见。这个观点的提出，使狄拉克的大胆假设显得很多余。虽然我们不能就此认定狄基的推测正确，但直到现在，所有对寻找重力常数减弱的证据所作的努力，都还没有看到成果。

宇宙的初始条件问题

狄基的理论可以说是“人择原理”的滥觞。到了20世纪70年代，这个理论正式被提出，以解释前面所说自然常数“宜人”的巧合。接着，为了解释一向成功的大爆炸理论的一些困难，“人择原理”再度登场。

20世纪20年代，天文学家哈勃（E. P. Hubble）透过望远镜观测到一件令当时人惊讶的事：宇宙正扩张着。众所周知的大爆炸学说由此而被提出。这个理论指出宇宙是从一个点经由一场“大爆炸”而诞生的，现在的宇宙仍向外扩张，但因重力作用，此一扩张速度逐渐变慢。

在哈勃做出著名的发现后几十年间，大爆炸理论逐渐为人们接受。五〇年代对太初氦丰度的正确预测，加强了天文物理学家对这个理论的信心。而 20 世纪 60 年代宇宙微波背景辐射的发现，更使大爆炸说达到了巅峰。温柏格（S. Weinberg）的名著《最初三分钟》，对大爆炸理论在这方面的胜利有生动的描述。然而，一些科学家已感觉到标准大爆炸理论有些许隐忧浮现，随后问题慢慢扩大，终于成为 20 世纪 70 年代宇宙学家的梦魇——“视界”难题（horizon problem）及“平坦性”难题（flatness problem）。

“视界”难题

在哈勃的扩张宇宙模型中?所有星系都互相远离。假设宇宙中的 A2、B2 两点，分别由早期 t_1 时刻毗邻的 A1、B1 两点扩张而来（如图 40），在 t_1 至 t_2 这段期间，光行进的距离 $c(t_2-t_1)$ 决定了“因果视界”（causal horizon）的半径。倘若 B2 落在以 A2 为中心的“视界”外，表示 A2“看”不到 B2，也由于任何物理作用的传播速度必小于或等于光速，A2 视界外的宇宙无法对它产生任何作用。举例而言，即使 B2 的温度高于 A2，它也来不及将热传给 A2，以达热平衡。但是，在研究宇宙学的动

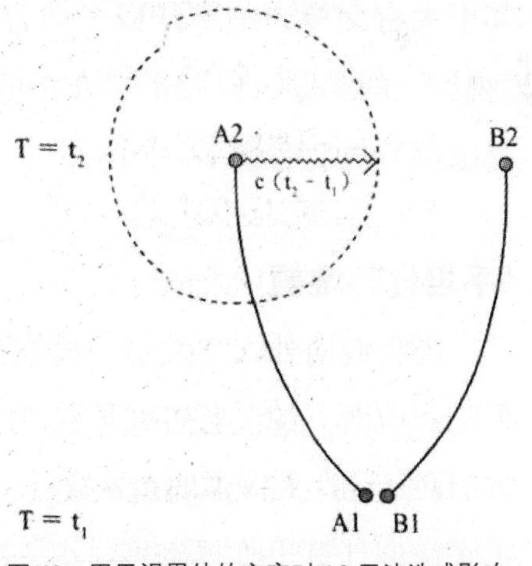

图 40　因果视界外的宇宙对 A2 无法造成影响。

力方程式时，物理学家发现一件事：为了形成现在我们观测到的均匀宇宙，我们必须假设在极早期，如宇宙年龄 T = 10^{-35} 秒时的宇宙，是均匀扩张的。当时的宇宙有多大呢？经计算结果，我们现在所观测到的宇宙都集中在一个半径 3 厘米的球体内。但糟糕的是，由于当时宇宙只诞生了 10^{-35} 秒，因果视界只有 3×10^{-25} 厘米（图 41）！这代表着有许多无法互相影响的区域，虽然没有机会抹平任何的不均匀，却以不可思议的"默契"均匀向外扩张！天文学家相信，这其中大有文章，绝不能以"巧合"一笔带过。正由于这个"视界"的难题，以及下节介绍的"平坦性"问题，使"人择原理"再度登场。

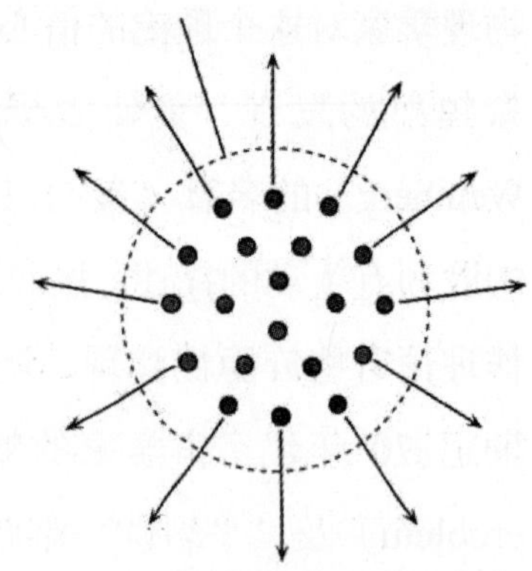

图 41　虽然没有足够的时间抹去不平均，初生宇宙的各部分却十分均匀地向外扩张。在暴胀理论出现前，这只能以人择原理来解释。

在宇宙诞生 10^{-35} 秒时，宇宙的半径约为 3 厘米。这个圆圈代表因果视界的大小。它的半径约为 3×10^{-25} 厘米，任何大于它的结构都不该是均匀的。

"平坦性"难题

当我们向外太空发射一枚炮弹时，那颗炮弹最后是否会再坠回地面，与它当初离开炮口时的速度有关。同样的，宇宙的命运，在大爆炸时就决定了。今天，我们可以从宇宙的扩张速度计算出临界密度ρ_c——若宇宙现在的密度ρ小于ρ_c，宇宙就会永无止境地扩张下去。反之如果ρ大于ρ_c的话，重力会阻止宇宙的扩张，而使宇宙在达到最大之后开始收缩，最后在“大塌缩”（与大爆炸相反的过程，亦称“大崩坠”）中毁灭。第一种情形称为开放型宇宙，而后者称为封闭型宇宙。宇宙学的一个大课题，是计算宇宙现在的密度ρ，拿它和宇宙扩张速度比较，以得知宇宙的结局。

宇宙密度的测量是宇宙学中最困难的问题之一，天文学家直到现在还是无法给ρ一个准确的值。然而，我们可以确定ρ至以下范围：

$0.01 < \rho/\rho_c < 10$

换句话说，ρ在ρ_c附近一两个数量级之间。在这样的观测精度下，ρ和ρ_c看来并不十分接近。但$\rho=\rho_c$是不稳定的解，亦即初始条件的微小差异会以极快的速度扩大，使ρ大幅度偏离ρ_c。我们现在所看到的ρ已经够接近ρ_c了；要使ρ落在现在看到的这个范围内，宇宙当初爆炸的速度必须准确到10^{-55}以内！[①]

对一个典型的开放型宇宙来说，其密度ρ应该在5×10^{-44}秒左右（卜朗克时间）就减低到远小于ρ_c的程度，而典型的封闭型宇宙在这个时间就会毁在大塌缩中。我们知道上述两种情形的宇宙都无法产生生命，也就是说，只有在“几乎临界”的宇宙才会出现生命。依统计的观点来看，要出现这种

① 以宇宙温度为 1017GeV 时计算。

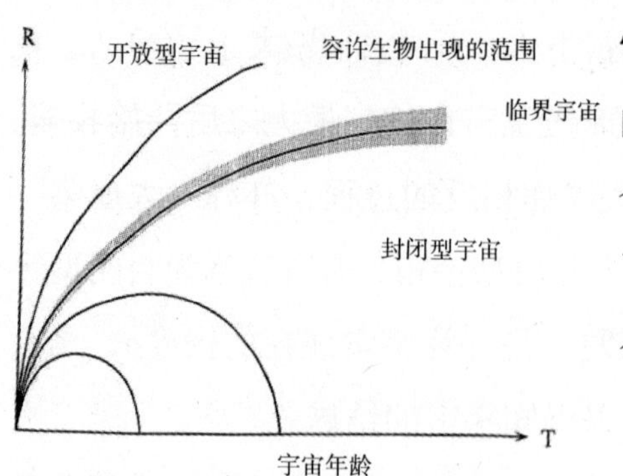

图 42 容许生物出现的宇宙其实非常接近临界宇宙。

情形的几率是微乎其微的（如图 42）。因此一个很自然的问题就形成了：为何我们的宇宙这么接近临界？

科学家称这个难题为平坦性难题。类似的“巧合”也出现在宇宙的各向同性上面。经过复杂的计算，柯林斯、霍金等人证明了除非宇宙的初始条件就是完全球形对称的，否则我们绝不会观测到如此均匀的背景辐射。为何宇宙的初始条件碰巧又是球形对称？这形成了另一个问题。

在 1980 年以前，只有“人择原理”能够回答这个问题：宇宙有万万个，大多数不均匀、不球形对称，太短命或稀得无法产生星系。只有均匀、球形对称又几乎是临界的宇宙，才会产生智慧生命。因此，我们身处在这样的宇宙是再自然不过的事。

“人择原理”的说法固然诱人，还是有许多物理学家孜孜矻矻地寻找对这些问题更自然的解释。1980 年，斯坦福线型加速中心的物理学家古斯（Alan Guth）提出了暴胀宇宙论（Inflationary Cosmology）。该理论不仅成功地解决上述难题，也圆满的解释了磁单极（magnetic monopole）的问题。从暴胀理论提出到今天，理论与观测都大有进展。到目前为止，对宇宙背景辐射起伏（fluctuation of cosmic background radiation）的观测，一直与暴胀理论的诸多预测吻合。

其他的宇宙在哪里？

“人择原理”假设“多元宇宙”的存在。那么，其他宇宙在哪里？物理学家以绝佳的想象力提出下列几种可能性（见图 43）。

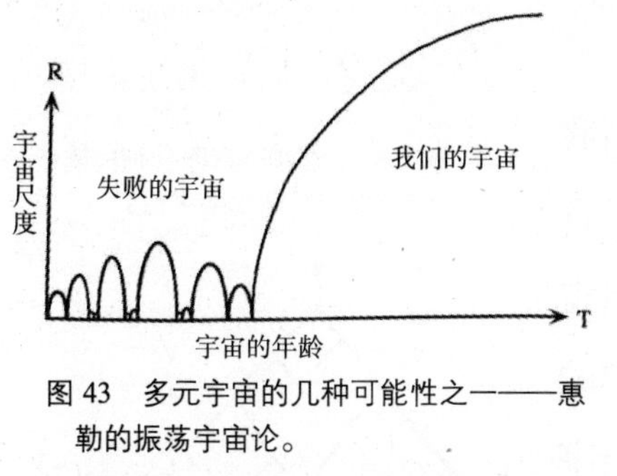

图 43　多元宇宙的几种可能性之一——惠勒的振荡宇宙论。

振荡宇宙　这是由惠勒所提出来的宇宙论。我们之前提过，封闭型宇宙会毁在“大塌缩”之中。然而在“大塌缩”之后，是否又会来个大爆炸，重新上演一段宇宙史呢？在惠勒的想象中，宇宙不断地循环，且每一次都有着不同的自然条件。虽然产生能够支持智慧生物的宇宙几率微乎其微，但只要循环不止，总有等到的一天（图 43）。

无限宇宙　天文学家埃利斯（George F. R. Ellis）指出，如果宇宙是开放型，那么可见宇宙只是无限空间的一小部分。在可见宇宙视界外的未知区域，可能有着完全不同的物理常数或自然定律。因此，无限宇宙中的某些区域或许会发展出适合生命居住的环境，而可见宇宙就是这种区域（见图 44A）。

量子“多元宇宙” 在量子力学中，波函数的崩溃（collapse of wave function）是阐释量子测量的正统学说。然而，也有为数不少的科学家质疑这个理论，而提出其他说法。艾福雷特（Hugh Everett Ⅲ）所提出量子测量的“多元宇宙阐释”（many-worlds interpretation of quantum measurement）是其中之一。

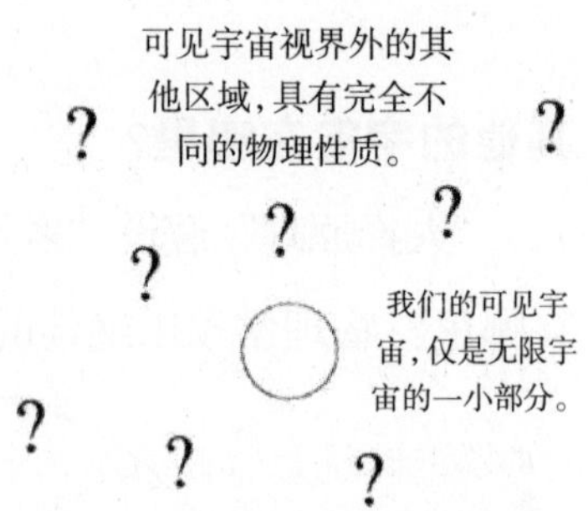

图 44（A） 多元宇宙的几种可能性之二——埃利斯的无限宇宙。

艾福雷特的说法是，当我们测量一个物理量，如电子自旋分量时，测量动作使宇宙“分裂”为二：一个宇宙中的“我”测到正值，而另一个宇宙的“我”则测到负值。这个理论提供“人择原理”的“多元宇宙”另一个可能性（图 44B）。

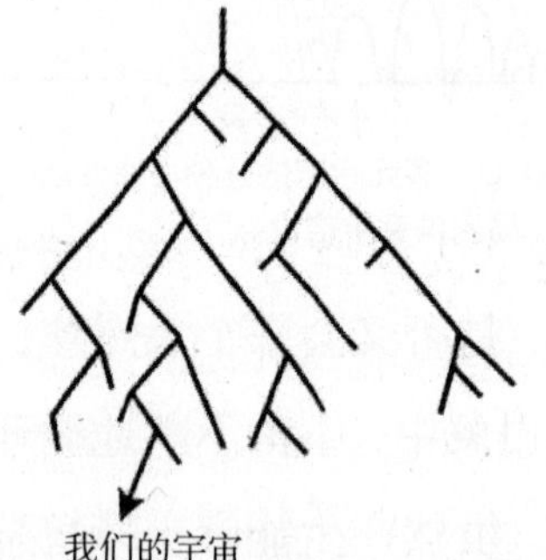

图 44（B） 多元宇宙的几种可能性之三——量子多元宇宙。

泡沫宇宙 自从古斯提出暴胀宇宙论以来，这派理论发展十分迅速，而有许多版本出现。其中一个学说是这样的：宇宙被极高密度的物质所填满，而可见宇宙是一次“暴胀”的结果，就像沸水中的气泡一样。泡泡当然不一定只有一个，这也成了“多元宇宙”的来源（图 44C）。

这些“多元宇宙”图像，猜测的成分相当的大。更致命

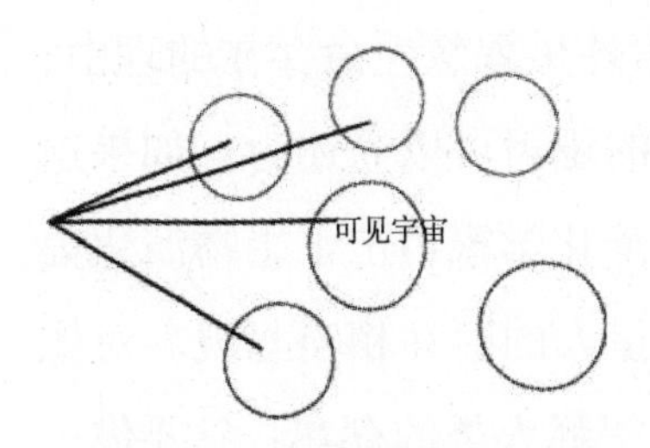

图 44(C) 多元宇宙的几种可能性之四——泡沫多元宇宙。

的，是这些理论似乎永远没有办法诉诸观测。科学最可贵之处，就是永远有大自然为它做检验。然而，在有限次数的实验中，一个科学理论是没有办法被证明为“真”的。一个广为接受的科学理论（如相对论、量子力学），总是能够提出许多能够证伪（falsify）它的实验，却至今未被其中任一个所证伪。因此“能提出可证伪（falsifiable）的预测”是一般对科学理论的要求。因此，这里所提出的“多元宇宙”论很难通过这个标准[①]，可说是当所有科学方法用尽后的最后选择。

对“人择原理”进一步讨论

我们前面说到，根据一般对科学的定义，只有可证伪的理论才是科学。“人择原理”能不能通过这项检验，而被称为科学呢？这是一个值得深思的问题。但因为“人择原理”并不是一个完整的理论，而是由许多含有人择思想的学说组成，因此这个问题并没有一个确定的答案。然而，某些人择理论的确提出了一些可供检验的预测。

其中一个有趣的预测是卡特（Brandon Carter）所提出

---

① 因为宇宙的封闭或开放，由宇宙密度ρ来决定。也就是说，（1）、（2）的宇宙论可以ρ的测量证伪之。但在ρ的测量完成后，没被证伪的那个理论就再也无法证伪了。

来的。天文学家或物理学家相信外星智慧生命存在的理由，说穿了就是“折中原理”。他们的逻辑可以简述为：如果这里能，别处为何不能？相反的，演化学家目击了生物演化史上太多的“不可能”，因而对外星人的存在相当悲观。对他们来说，只有“人择原理”才能解释人类的存在：只要你一思索这个问题，这些“不可能”便已经发生。

因此，卡特根据演化学以及“人择原理”提出以下预测：外星智慧生物不存在。不消说，这也是个可供检验的理论。因为，有朝一日搜寻地外文明计划（Search for Extraterrestrial Intelligence）收到来自外星人的电波，卡特的预测就被证伪了[①]。

虽然依着“人择原理”的逻辑能“回答”许多有关宇宙巧合的问题，但这并不代表它是正确的。尤其更重要的是，这不代表我们可以完全相信它，而停止对这些问题找寻更“物理”的回答，暴胀理论的成功就是一个例子。物理学家宁愿使物理复杂很多，也不放弃对“人择原理”的抗辩。就如同我们之前所说，“人择原理”（尤其是“多元宇宙”这部分）应该是最不得已的选择。

然而，“人择原理”拓展了我们的视野，成功地弥补平庸原理的不足。大数假说是一个例子，而另一个例子是“稳态宇宙”的失败。以“人择原理”的观点来看，人类在大爆

① 卡特另一个更惊人的预测是所谓的“卡特不等式”（Carter Inequality）。经他计算的结果，地球将在几万年内变得不适合居住。

炸后的此时此刻出现，是再自然不过的事。但一个“平庸原理”的信徒却认为，人类所处的时代在宇宙史上不该是特别的。如果我们现在所看到的宇宙正扩张中，那代表它一直是这副模样。这种信念会使他相信“稳态宇宙论”。然而，天文学家已经累积了大量的证据支持大爆炸学说，而正式放弃“稳态理论”。无疑的，这是折中原理的一次失败。

“人择原理”激荡了科学家的想象力，使人们重新认识自己的地位。然而，“人择原理”是事实吗？或者，这只是一种有趣的论点？在众家说法之中，每个人都可以选择信服一种和自己对自然的理解最接近的。身为一个物理人，笔者本身倒是比较期待有物理理论能够解释宇宙现象，而不用凡事依赖“人择原理”。

暴胀与残陷

□吴俊辉

无论宇宙的结构是如何形成的，我们都需要“宇宙暴胀理论”来解决1980年代以前所提出的宇宙论谜团，而宇宙残陷存在的确认将会是基础物理发展上的重大突破。因为它们的存在将是宇宙早期自发性对称破裂相变存在的重要证据，也间接支持了量子场论中的大统一场理论。

自有历史以来，人类对宇宙的探讨就没有中断过。大的宇宙的起源与其结构的形成，小至地球的圆方及太阳的构造，无不历经几番的理论研究、辨证与演化。即使在科技发达的今日，我们对宇宙整体的了解仍相当有限。在此我们所要探讨的，主要是关于宇宙结构的形成。

宇宙结构的形成

所谓宇宙结构的形成,指的是宇宙中物质不均匀(inhomogeneous)分布的起源。依据“宇宙学原理”(Cosmological Principle),宇宙在大爆炸(the Big — Bang)之后,所有物质的分布是均匀地(homogeneous)。然而,百亿年后的今日,我们的宇宙中却存在着数不清的星系(galaxies)和恒星(stars),这些星系和恒星正是宇宙中物质不均匀分布的直接证据。因此产生了一个问题:既然大爆炸后的早期宇宙中所有物质都是均匀分布的,为何今日的宇宙中会有这些数不完的星系和恒星呢?问题的答案一直到最近,利用 21 世纪最新观测到的宇宙微波背景辐射(cosmic microwave background,简称 CMB)才渐渐有了眉目。这是目前宇宙学(cosmology)中最热门的主题之一,也是本文所要探讨的主题。

或许有人会说,所谓的宇宙学原理根本是错的,或许宇宙中的物质在大爆炸时就已经是不均匀分布的了。没错,这是有可能的,但这种说法无法解释今日所观测到的以下现象:从目前所观测到的宇宙微波背景辐射及星系的分布发现,其在所有的尺度上都是相同的。换句话说,如果现今宇宙物质的不均匀分布是宇宙大爆炸时就“与生俱来”的,为何这个不均匀性在所有的尺度上都那么巧的相同呢?你可以再一次认为这纯粹是巧合,但与其说是巧合,宇宙论学家却宁愿从理论上着手,找出一个可以造就这种观测现象的合理原因。就如同牛顿当初研究重力理论一样，若他和其他人一样执意认为“苹果就是自己会掉下来”而不探究其原因，今天的火箭科技可能就不存在了。

若大爆炸后的早期宇宙中物质是均匀分布的，那么为何现今的宇宙中会有这些数不完的星系和恒星呢？这个问题的答案就是：大爆炸后的早期宇宙中，一定存在着某种“物理机制”，使得原本均匀的宇宙变得不均匀。之后这些微弱的不均匀分布（irregularities）便在重力的不稳定作用（gravitational instability）[①]下，进一步形成今日的星系和恒星。目前有两大理论提供这种“物理机制”，即“宇宙暴胀理论”（Inflation）和“宇宙缺陷理论”（Cosmic Defects）。前者由于理论基础简单优美，已引发广泛的讨论，并造就了无可计数的研究成果。相对的，后者由于牵涉较复杂的粒子物理及非线性的（non-linear）数理计算，其研究发展的速度较慢，对此理论的了解也较有限。

“宇宙暴胀理论”

1970年代，宇宙论中有数个大谜团：

（一）平坦问题（flatness problem）

为何宇宙的维度几何如此接近平式（flat）几何，而非

① 三维空间中物质的密度分布不均匀，密度高的部分将会随时间因重力作用向内收缩，使得密度变得更高；而密度低的部分则变得更低。

开放式（open）或封闭式（closed）几何？以二维空间为例，若在一张纸上以单位半径画一个圆（单位圆），则其周长在平式几何的纸上（完全平坦）将会是 2π。在开放式几何的纸（如马鞍形）上将会大于 2π。在封闭式几何的纸（如球面）上将会小于 2π。在最新的天文观测中，宇宙论学家发现，宇宙中所画出来的单位圆周长都是 2π。换句话说，我们所生存的这个宇宙具有平式的几何。这是为什么呢？

（二）视界问题（horizon problem）

当我们观测来自于夹角大于 2° 的两个方向上的宇宙微波背景辐射时，为何其温度是一样的呢？依据理论计算，这两个方向上的宇宙微波背景辐射应该是来自于大爆炸后就没有热交互作用的两个早期宇宙区域，其温度应该有些许不同。但实际的观测却发现，所有方向上的宇宙微波背景辐射的温度都是相同的。

（三）磁单极问题（monopole problem）

为何宇宙中目前还未观测到磁单极（monopole）？依据统一场论，在宇宙早期的对称性分裂（symmetry breaking）时应该有大量的磁单极产生，这些磁单极在现今的宇宙中都到哪里去了呢？

（四）熵问题（entropy problem）

为何现今宇宙中的熵（entropy，相当于光子数）如此庞大呢？依据大爆炸理论，现今的光子数应远小于目前的观测量。

为了解释以上宇宙论中的数个谜团，古斯（Alan Guth）在1980年提出了“宇宙暴胀理论”。依据传统物理理论，由于重力抵抗膨胀的缘故，宇宙膨胀应该是减速的。但“宇宙暴胀理论”却主张，早期宇宙的某一段时间中，宇宙的膨胀是加速的。这种加速膨胀可以借由某种称为“暴胀”的纯量场（scalar field）轻易达到。而这种加速膨胀的结果是：所有不平（non-flat）的三维几何都将被“拉”成平的，就像把气球吹到和地球一样大时，会觉得气球的表面是平的，而一个原本处于热平衡的小区域将会被“拉”成一个和现今可观测宇宙几乎一样大的巨大区域。经过简单的数学计算证明，这样的“暴胀”物理机制便足以解决以上的所有宇宙论谜团。

那么，这种“暴胀”物理机制和宇宙结构的形成又有什么关系呢？在“宇宙暴胀理论”解决了那些宇宙论谜团之后，人们发现这个“暴胀”的物理机制还可以让一对透过量子扰动（quantum fluctuation）分离后，原本要再融合消灭的粒子和反粒子瞬间冻结在时空中。这是由于宇宙在“暴胀”

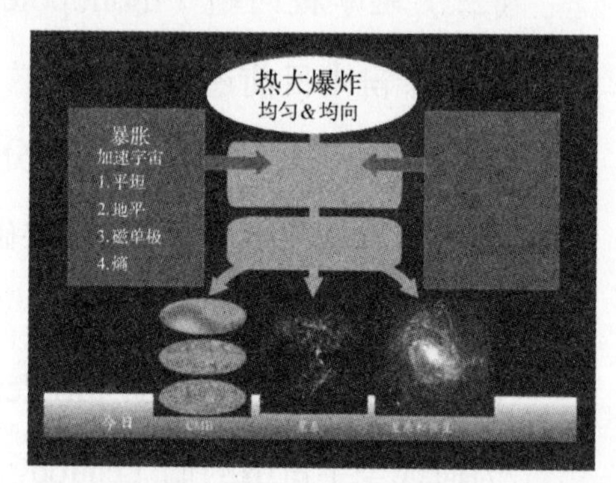

图45　根据不同理论，形成初始的不均匀，然后演化成现今的宇宙结构。

星空百亿年

阶段中,因膨胀过快而将原本可透过交互作用(causal contact)融合消灭的粒子和反粒子突然被拉离,使彼此瞬间失去连系和交互作用,而冻结在时空中。这些在"暴胀"过程中所形成的无数粒子和反粒子,便是我们前面所提到的,在宇宙结构形成中所需要的"物质不均匀分布"(图 45)。

"宇宙缺陷理论"

"宇宙缺陷理论"的基本概念来自于"拓扑缺陷理论"(topological defects)。在量子场论(quantum field theory)中,早在 1966 年就由日本南部的磁畴壁模型提出"拓扑缺陷理论"。利用类似的观念,尼尔森(H. B. Nielsen)和奥尔森(P. Olsen)在 1973 年提出了弦论模型;霍夫特(G. 't Hooft)和波利考夫(A. M. Polyakov)在 1974 年提出了磁单极模型。一直到 1976 年,奇博(Tom W. B. Kibble)才将类似的观念运用在宇宙论上,这就是著名的基布尔机制(Kibble mechanism)。

所谓的基布尔机制,指的是"宇宙缺陷"在早期宇宙中形成的物理机制。在大统一场论(Grant Unified Theory,简称 GUT)中,宇宙早期由高温逐渐冷却时,原本统一的场会产生自发性的相变(phase transition),打破原本统一场的对称性。以简单的一维纯量场为例,它的位能态在高温的统一场态时只有一个极小值,此时空间中所有位置上的纯量场都安顿在这个极小值上,但是当宇宙温度降低而产生自发性的对称破裂相变时，这个纯量场的位能将发展出两个极小值，使空间中不同位置上的纯量场得以选择其中一个极小态来安顿。如果宇宙膨胀的速度比相变的速度快，那么宇宙中不同区域将没有足够的时间达到热平衡，因此可能具有不同的极小态。于是在具有不同极小态的两个区域间，空间的连续性将迫使其存在一个非极小态的区域，这个能量非极小的区域就叫做“宇宙缺陷”。因此“宇宙残缺”是早期宇宙中自发性对称破裂相变的副产物，就好比水冷冻时冷冻的速度够快，水中的不同区域将会各自开始结晶，而在不同结晶中的不同结晶方向，就好比不同的极小态。当温度渐渐降低时，不同区域的结晶将逐渐变大最后遭遇在一起，而在不同方向结晶相互遭遇的地方，便会因结晶方向不连续而产生裂痕。这种裂痕在一般冰块中很常见，就好像以上所说的“宇宙残缺”。图 46 即是笔者使用超级电脑所模拟出的宇宙弦（cosmic strings），是宇宙残陷中最复杂也最难研究的一种。

由于“宇宙残缺”所在之处的能量不是处于极小态，而宇宙其他部分的能量是处于极小态，因此整个宇宙能量的分布就变得不均匀。这个能量的不均匀分布便是上文所述的日后宇宙结构形成的基础。这个宇宙结构形成机制的观念，最

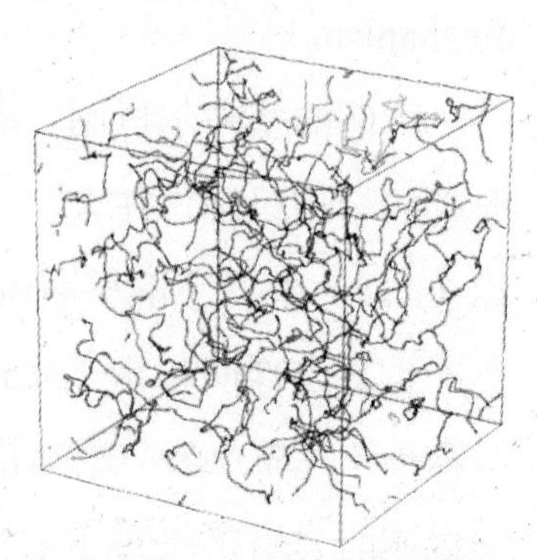

图46　笔者使用超级电脑所模拟出的宇宙弦

早是由雅可夫·泽尔多维奇（Yakov B. Zel’dovich）在1980年提出,一年后亚历山大·维兰金(Alexander(Vilenkin)也提出类似的概念。由于宇宙缺陷理论属于非线性理论，所以大部分宇宙论的相关研究都必须透过超级电脑来进行。但超级电脑的使用权取得不易，且花费较高，因此宇宙缺陷理论的发展远较“宇宙暴胀理论”缓慢。

理论较量与观测竞争

“宇宙暴胀理论”和“宇宙缺陷理论”由于理论基础截然不同,因此二者所产生的物质不均匀分布性也有相当不同的物理性质(由于篇幅有限，仅将二者间主要的物理性差异列于表3)。而了解二者间的差异是很重要的一环，因为可以利用实际的观测区别这样的差异,进而证明或反证这两个已相互竞争了二十年的理论。然而，并非二者间所有的物理性都可以用可观测量来检验，目前能够检验的主要有两项：相干与非相干及高斯分布与非高斯分布。换句话说，“宇宙暴胀理论”所产生的物质不均匀分布是相干及高斯分布的，而“宇宙缺陷理论”所产生的物质不均匀分布是非相干及非高斯分布的。

表3　　暴胀与宇宙残缺比较

暴胀	宇宙残限
绝热	等曲率
超地平	次地平
同调	去同调
被动	主动
高斯分布	非高斯分布

由于宇宙的主要组成成分是物质（matter）及辐射（radiation），其中前者指的是非相对性的物质，也就是速度远小于光速的物质；后者指的是相对性的物质，也就是速度相近于或等于光速的物质。因此用来检验以上两大理论的方法主要有以下三项（图 47）：

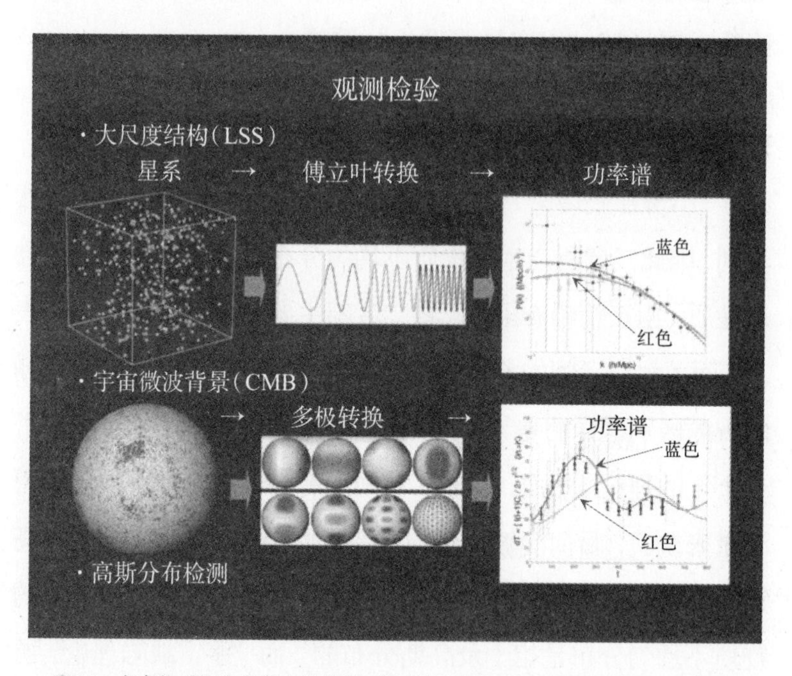

图 47　宇宙物质和光子分布的检验，观测的分布情形经过数学的转换，变成功率谱，然后和理论相互比较。

（一）物质大尺度结构的功率谱

物质大尺度结构（large-scale structure，简称 LSS）的功率谱：主要是观测宇宙中星系及物质在大尺度上的分布，最常用的统计量为功率谱（power spectrum）。计算 LSS 功率谱的方法是将星系的三维空间分布进行傅立叶转换（Fourier transform），然后在不同的傅立叶数（Fourier mode）上计算傅立叶系数的平方均值（variance）。而所谓的傅立叶数乃其对应到尺度（scale）的倒数，傅立叶系数则是物质不均匀性在这个尺度上的大小，因此 LSS 功率谱检验的是物质不均匀性在不同尺度上的大小。“宇宙暴胀理论”和“宇宙缺陷理论”对 LSS 功率谱的预测大同小异，与最新、最精密的观测结果也相符，所以 LSS 功率谱很难用来分辨宇宙形成的两大理论。

（二）宇宙微波背景辐射分布的功率谱

主要是观测早期宇宙所遗留的辐射（或说是光子）。由于这些光子在太空中旅行了很久才到地球，因此它们的波长也透过宇宙的膨胀而被拉长到微波的范围。而因波长很长、能量很微弱、肉眼也看不到，所以它的观测比一般星光困难许多。但由于这些微波的存在，证明了宇宙早期温度的确较高的事实，也间接证明了 1980 年代以前争辩许久的宇宙大爆炸理论。而如同上述介绍的 LSS 功率谱，也可以计算 CMB

图 48　上图为 1992 年 COBE 卫星观测到的全天 CMB 平面展开图；下图则是笔者用超级电脑模拟出的目前全世界最高解析度的全天 CMB。

的功率谱，方法是将全天（也就是来自地球四面八方）的CMB进行多极转换(multipole transform或spherical harmonic transform)，然后在不同的多极数（multipole mode）上计算多极系数的平方均值。而所谓的多极数乃其对应到视角尺度（angular scale）的倒数，多极系数则是辐射不均匀性在这个视角尺度上的大小，因此CMB功率谱检验的是辐射不均匀性在不同视角尺度上的大小。图48上是1992年COBE卫星观测到的全天CMB平面展开图；图48下则是笔者用超级电脑模拟出的目前全世界最高解析度的全天CMB。而像图四下这样高解析度的全天CMB，未来将可由2001年6月底刚发射的美国国家航空航天局MAP卫星或将于2007年发射的欧洲太空总署Planck卫星所获得。如此高解析度的全天CMB观测，将有助于对宇宙结构进行更深入的了解。

"宇宙暴胀理论"和"宇宙缺陷理论"对CMB功率谱的预测截然不同：由于前者所产生的辐射不均匀性是相干的，因此它所预测的CMB功率谱具有多个循环性的极大值(periodic peaks，图47下的蓝线)。相对的，后者产生的辐射不均匀性则是不相干的，因此它所预测的CMB功率谱只有一个极大值(图47下的红线)。而依据2000年及2001年由MAXIMA、Boomerang及DASI等计划所获得的最新CMB观测，确实证实了CMB功率谱具有多个循环性极大值的结构。这项结果同时也支持了"宇宙暴胀理论"成为主要宇宙结构形成的理论。

（三）LSS 和 CMB 的扰动分布是否为高斯分布

LSS 和 CMB 的扰动分布（perturbation）是否为高斯分布（Gaussian）：除了检测功率谱以外，还可以检验 LSS 及 CMB 的分布是否为高斯分布。所谓的高斯分布是指不均匀性的分布仅由两点相关函数（two-point correlation function）决定，其他较高阶的统计量全部为零。如同上述所提，"宇宙暴胀理论" 是透过量子不均匀性产生不均匀性的物理机制，由于量子不均匀性是一个随机过程，因此它所产生的 LSS 和 CMB 是高斯分布的。相对的，"宇宙缺陷理论" 产生不均匀性的机制是非线性的，因此它所产生的LSS和CMB是非高斯分布的。然而，不管 LSS 的分布在早期宇宙中是高斯分布或非高斯分布，在宇宙结构形成发展的后期，重力的非线性作用将迫使 LSS 的分布变成非高斯分布，因此通常只检验 CMB 的分布是否为高斯分布。在笔者所领导的利用 MAXIMA 观测数据检测 CMB 的分布是否为高斯分布的计划中，我们发现 CMB 的分布在视角十分弧（10 arcminutes）以上时是高斯分布的。虽然这是目前世界上具有最高解析度及精确度的观测结果，但我们仍不能完全确定 "宇宙缺陷" 不存在。原因是它们可能存在，但其能量密度可能远小于我们之前所期盼的，因此不容易观测到。而这部分只有仰赖未来更精确的观测结果，才能做进一步的确认。

以上已经对宇宙结构形成的两大理论进行了概略的介绍

及比较。虽然目前的观测结果显示，“宇宙暴胀理论”比“宇宙缺陷理论”占上风。但也无法证明宇宙残陷完全不存在，还需要更精确的观测结果才能确认。此外我们也注意到，这两个理论可以同时存在，且它们在宇宙论及基础物理上各具有不同的重大意义：无论宇宙的结构是如何形成的，我们都需要“宇宙暴胀理论”来解决1980年代以前所提出的宇宙论谜团，而宇宙残陷存在的确认将会是基础物理发展上的重大突破。因为它们的存在将是宇宙早期自发性对称破裂相变存在的重要证据，也间接支持了量子场论中的大统一场理论。我们期待未来数年的天文观测能使我们对这两个理论有更进一步的验证和了解，也希望有兴趣的朋友们能一起加入研究宇宙论的行列。

宇宙结构的形成

□曾耀寰

天文物理学家研究的对象都是不可控制和不可重复的实验，但这并不代表天文物理学不是一门科学。科学有一项特色，那就是具可预测性，一个好的理论应具有较好的预测性，天文物理学家可以预测一些天机。

宇宙大尺度结构

天文之不可控制和不可重复的原因，在于时间和空间的尺度。光是一个太阳的体积就有地球的133万倍，太阳的寿命少说也有几十亿年，远远超过一般人的想象。就算可以在地球上制造体积比地球小的月球，我们也无法复制月球周遭的环境。就算是彗星撞木星的短暂时间，也因为距离的空间尺度太远而不可得。但是，天文物理学家可以透过严谨的科学，预测中子星的存在，也可以预测黑洞的存在，甚至预测宇宙现在的温度只有绝对温度 3K。天文绝对是一门科学！

宇宙学家所面对的时间和空间尺度的问题更甚于其他领域，不仅观测对象无法控制，并且还只能观测一次，因为我们只有一个宇宙。即使只能观测一次，也不能看个仔细，受限于光速和宇宙有限的寿命，我们真正观测的宇宙只是一部分。宇宙学虽然受限于资料之不足，但也提供理论学家更大的想象空间，建立各自的宇宙模型。因此即便是一些最基本的问题，例如宇宙的大小、宇宙的年纪和宇宙物质的成分，却都仍属科学家研究的对象。

这样的窘况在最近有了改善，除了观测技术和仪器的进步，可以让天文学家得到各种不同波段的资料，更因模拟计算的加入，使一些宇宙学理论得以验证，并和观测资料相互比较。例如先前哈勃太空望远镜和宇宙背景探测器所提供的最新资料，都和大爆炸模型相互吻合，最近的回旋镖（Boomerang）气球观测资料则进一步认定宇宙是平坦的。此外，数值模拟方面更由于高效能电脑的快速进展，借由数千颗处理器组成的巨量平行电脑（massive parallel machines），可以对宇宙的各种现象和模型进行更仔细的计算。本文所介绍的模型就是有关宇宙大尺度结构的形成原因。

宇宙学家曾经认为，大尺度下的物质分布是非常均匀

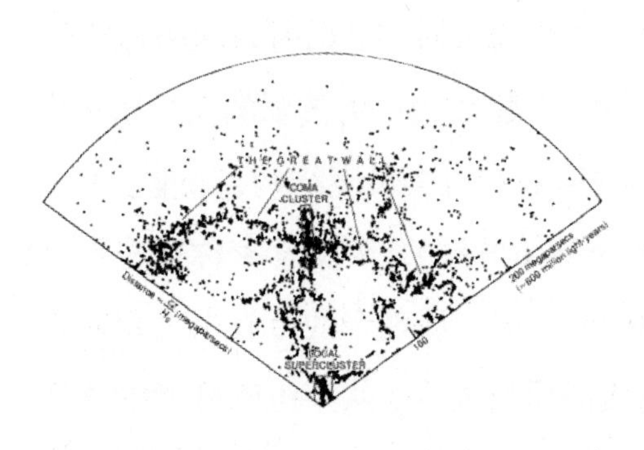

图 49　朝某方向观测的星系分布状况，纵深大约九百万光年（NASA 太空望远镜科学研究中心）。

的，类似银河系的星系都是均匀地分散在宇宙各个角落。从最近几十年的观测发现，在数十亿光年的范围内存有类似泡沫状的结构，大多数的星系是聚集成团，称之为星系团。星系团之间还有薄片（sheet）和细丝（filament）相连，这些薄片和细丝形状的结构是由星系所构成，其周围则是密度极低的空洞（void），这些空洞约呈圆球状，直径大约是宇宙大小的数百分之一。从图 49 可以看到上述的大尺度结构，图中的小点代表星系，当中的星系大小约有 10kpc（1kpc 约 3300 光年）。星系团的大小从 1Mpc 到 10Mpc 都有（1Mpc 等于 1,000kpc），薄片或细丝所包围的大空洞有 30Mpc 到 50Mpc 的大小，现今的宇宙大小则超过 10000Mpc。为了解释这个宇宙大尺度结构的形成，宇宙学家提出一些理论，希望可以和观测的资料相符。

假设宇宙中绝大部分的物质都是以绚烂的恒星形态出现，万有引力是使这些物质聚集成各种不同大小结构的主要作用力。到目前为止，这种想法适用于我们的太阳系，但在更大的尺度——星系或是星系以上的结构，则似乎并不管用。从一个螺旋星系的动力行为来看，星系内有 90%以上的物质是看不见的，并不存在于恒星内。更重要的是，光靠这些会发光的物质是没办法形成宇宙大尺度结构，除非宇宙中所含的物质远大于发光物质（恒星），天文学家称这些不发光的物质为暗物质（dark matter）。从现今的万有引力定律来看，似乎宇宙内发光物质的质量太少，从宇宙刚开始的物质些微不均匀（密度微扰）是没办法形成大尺度结构的，或者说还需要更多的时间才可以形成大尺度结构。

冷暗物质和热暗物质

占有宇宙大部分质量的暗物质是啥玩意儿？天文学家对暗物质的成分有许多的猜测，有些天文学家认为暗物质其实也是属于一般的正常物质，只因为某种原因无法发光。但从宇宙轻物质合成理论计算，可以为宇宙的一般物质定出一个上限，但这个上限仍无法在宇宙现有年纪内形成大尺度结构。早先，天文学家认为微中子可能是暗物质的主要成分，大统一理论发现微中子的质量非常微小，但微中子的数量非常多，总质量足以担当重任。由于微中子的质量很小，它的运动速度接近光速，就像热空气分子的快速运动，天文学家因此又称微中子为热暗物质（hot dark matter，简称 HDM）。这些多出来的暗物质可以帮助一般物质的万有引力收缩，让原始的密度微扰逐渐收缩，形成星系和星系团。但是热暗物质的热运动速度太大，星系大小的密度微扰无法收缩，最先形成的应该是星系团，然后再分裂成一个个星系，因此热暗物质模型又称为薄煎饼模型（pancake），但最新的观测发现和热暗物质模型不符。

现在较为流行的模型称为冷暗物质模型(cold dark matter model，简称 CDM)，冷暗物质的主要成分必须和一般物质有较微弱的交互作用，质量也比较大，运动速度比光速慢很多，所以称之为冷，根据电脑数值模拟发现，冷暗物质可以让宇宙初始的密度微扰长成大尺度结构。

在冷暗物质模型中，唯一可调整的参数是宇宙初始密度微扰的尺寸大小，有关初始密度微扰的讯息都刻印在宇宙背景辐射当中。宇宙背景辐射是一种光子，充满整个宇宙，该光子现在对应的温度大约只有绝对温度 3K（摄氏零度等于绝对温度 273K）。在大爆炸刚发生的时候，宇宙内的光子和物质温度很高，密度也很大，二者之间碰撞机会很大。随着宇宙膨胀，二者的温度逐渐下降，在宇宙年纪大约 30 万年左右，物质和光子不再相互碰撞之后，二者各自分道扬镳。而早先的物质分布讯息也烙印在光子的分布上，一直保存到现在。

烙印在光子上的宇宙初始密度微扰可以透过观测获得，宇宙背景探测器（COBE）最有名的成就是量测到 2.73K 背景辐射。这是一个黑体辐射，COBE 量出来的结果就和教科书上的一样，这是理论的一大成就。另外一项有关密度微扰的讯息就是空间的变化情形，COBE 量出背景辐射温度的变化在十亿光年的尺度内，变化量只有十万分之一。宇宙背景辐射温度大小和空间分布的情形，可为冷暗物质模型的初始值，经由高解析和最进步的数值模拟程式计算，即可在电脑荧屏上演一出宇宙史。

这些数值模拟可以持续追踪1700多万颗质点的万有引力变化情形。1700多万颗质点的高解析度可以分辨出六个数量级的密度变化，就像是观看一张有百万种颜色变化的影像，如此高解析度的模拟结果足以和观测相互比较。除了密度变化外，数值模拟的空间解析度约有1Kpc，可以清楚分辨出星系，而星系构成的薄片和细丝结构的大小约有10Mpc，比空间解析度大了一万倍，这种解析程度就像是拿一把十厘米的尺测量一千米的距离。

模拟当中的质点之间只有万有引力的交互作用，所有的质点处在一个不断膨胀的空间内，通常模拟是从 $z=100$ 开始，z代表红移。根据哈勃定律，距离越远的天体远离我们的速度越大，红移量越大。而离我们越远的天体，代表越早期的宇宙，所以天文学家常用红移z代表宇宙的时间，而 $z=0$ 表示没有红移，也就是现在。

实际宇宙的年龄超过 $z=1000$，远大于模拟的起始（$z=100$），略懂数值模拟的人可能认为：为什么不从宇宙最早的时候开始模拟？最主要的困难在于技术上的问题，要从 $z=1000$ 开始的模拟需要花太多的计算时间。很幸运，从 $z=1000$ 到 $z=100$ 的这段时间，整个宇宙演化过程还处在线性状态，简单说就是可以用理论来计算。在模拟计算一开始所需要的密度微扰频谱（也就是密度微扰在空间的分布状况），可以从理论推算出来。从观测可以获得重新合成（recombination）时的微扰频谱，在冷暗物质且平宇宙的模型中，微扰是线性增长，如此就 可以推算出模拟起始的微扰。

有了微扰的频谱，模拟一开始的时候就依照频谱将质点分布在空间内，通常是将质点放在规则的网格点上。为了保有宇宙膨胀的特性，每个质点还要根据哈勃定律给定一个初始的速度，每个质点有了位置和速度，就可以让模拟程式开始执行。图 50 是宇宙大尺度结构形成的过程，图 51 是模拟最后的结果。在这些图片当中，每个结块的团状物内大约有数百个质点，总质量大约是一个星系晕。将整张图片内的星系晕挑出来之后，可以进一步分析星系晕的动力特性，例如星系晕自转、坍缩（collapse）和合并（merge）。通常模拟最后的结果中可以找到约一万个星系晕，数量足以作一些统计分析，例如星系晕之间的相互运动和在 10Mpc 范围内的空间分布。模拟的星系晕大小和空间分布及观测结果没有太大的差异。除此之外，还可以计算星系晕内的质点公转速度。天文学家观测发现，星系内的恒星公转速度并没有遵循开普

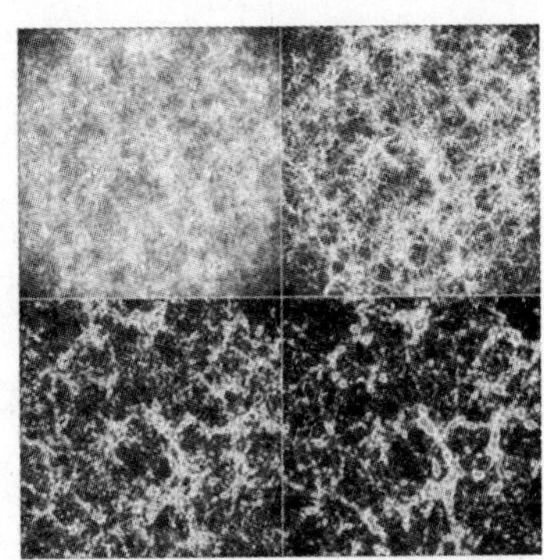

图 50 模拟大尺度结构形成的过程，时间的次序由上到下，由左到右（Michael Warren 模拟结果）。

勒定律，而太阳系内的行星公转速度分布则是按照开普勒定律，在星系外围观测的恒星公转速度是趋近一个定值，这和模拟的结果相符。模拟出来的星系晕质量分布是随着距离增加而增加（所谓距离是指到星系晕中心的距离），这也和理论推测相符。

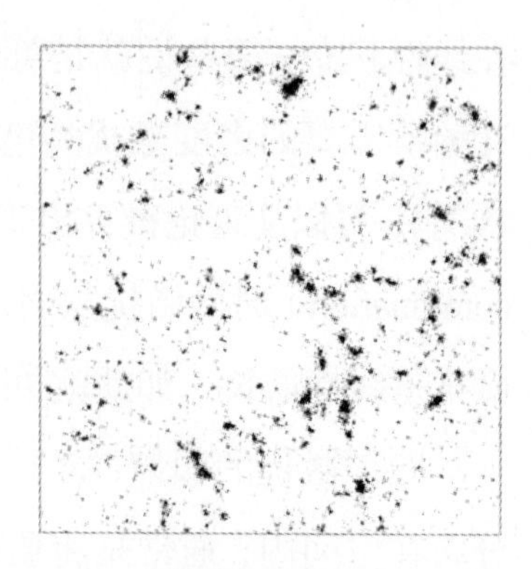

图 51　数值模拟最后的结果，代表宇宙现在的分布情形(Michael Warren 模拟结果)。

上到下或下到上

刚才模拟过程的讨论中，我们提到在宇宙刚开始的时候，物质的分布并不是完全均匀的，从观测上可以得到不均匀的分布状况，经过万有引力的吸引，最后产生星系。这个过程中并没有提到大尺度结构，暗物质可以加强物质分布的不均匀程度，让星系及早产生，但是在整个宇宙演化的过程中，是星系先形成？还是大尺度结构先形成？如前所述，大尺度结构是由星系或星系团特殊排列所造成的，从观测上看到星系，也看到大尺度结构，但对二者的先后形成次序并不清楚，其实，形成先后的次序是和暗物质的冷热程度有关。

早期制造冰糖会在糖水当中包一条棉线，因为要从液态的糖水结晶出冰糖需要一些种子（seed）。棉线的一端绑着一颗小冰糖，然后放在滚热的液态糖水中，当糖水的温度逐渐下降，就会在悬挂的小冰糖四周开始结晶，冰糖就开始逐渐长大。宇宙的不均匀也是类似这种方式长出来，宇宙的种子就是早期一些微小的密度不均匀区域，这些宇宙种子四周的万有引力较强，可以吸引周遭的物质，然后万有引力也随之增强。反抗万有引力收缩的作用力是物质的气压，也就是物质四处纷飞的速度大小，如果不均匀区域的温度够高，气压够大，运动速度够大，就很难透过万有引力收缩，除非不均匀区域够大。

总而言之，如果物质的温度很高，靠万有引力收缩的不均匀区域就会很大。如果温度低，则小块的不均匀区域就可以收缩。冷暗物质和热暗物质对宇宙大尺度结构形成的过程也有相似的影响，后者可以将宇宙刚开始的小块密度微扰抹平，所以最先产生的结构属于大尺度。这套理论是前苏联天文物理学家雅可夫·泽尔多维奇（Zel'dovich）所提出的，他主张大尺度的不均匀受到万有引力的吸引先向中心收缩，收缩是沿着不均匀块最短的方向，形成薄盘的形状，因此又称为薄煎饼理论。形成薄煎饼形状的同时，也随着第二短轴的方向收缩，收缩到最后的形状就类似丝状结构。星系是在这些丝状结构或者是薄盘状结构内形成（图 52），所以又称为上到下理论（top-down）。

就像东西方冷战一样，另一派大尺度结构形成的理论是由美国天文学家所提出，他们认为宇宙早期的密度不均匀微扰会从小尺度结构开始收缩，由于万有引力的塌缩，单一的

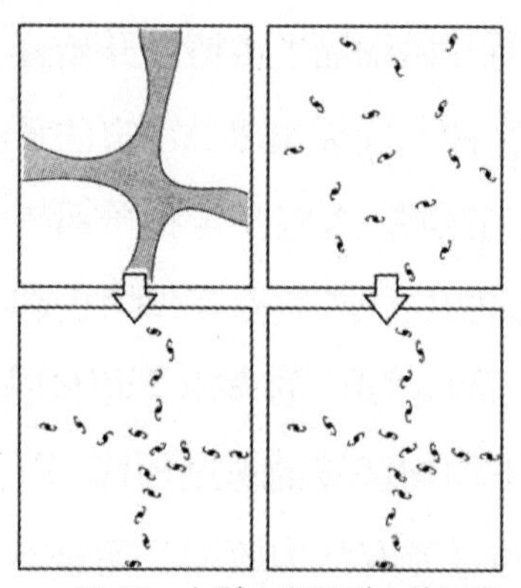

图 52　上到下和下到上的示意图，左图为上到下，宇宙先有大尺度结构，然后形成星系。右图为下到上，宇宙先有星系，再聚集成大尺度结构。

星系先形成，然后星系之间的万有引力相互吸引而靠近，于是构成星系团，乃至于更大尺度的结构（图 52），这派理论又称为下到上理论（bottom-up）。这种星系、星系团、超级星系团的结构关系，又称为阶层状丛集化（hierarchical clustering），小尺度微扰可以塌缩的主要原因就在于宇宙的冷暗物质。

这两大理论的争执起于 1970 年代，当时暗物质的观念尚未引入，因此当暗物质出现之后，前苏联的薄煎饼理论占了上风，尤其是热暗物质的最佳候选人是已经证实存在的微中子，而冷暗物质都是一些奇怪的粒子。

和冷暗物质相关的下到上理论虽占下风，但简单的万有引力理论则是站在下到上理论这一边。万有引力是和距离平方成反比的吸引力，作用的时间尺度是和物体大小有关，物体越大，时间尺度越长。例如在太阳系中，行星离太阳越远，公转轨道周期越长，而环绕银河中心的轨道周期又是行星轨道周期的 1000 到 10000 万倍。若是考虑星系从富星系团（rich cluster）的一端走到另一端的时间，又称为穿越时间（crossing time），这个时间只是宇宙寿命的数分之一，如果密度高的范围越大，表示穿越时间也越长，甚至超过宇宙的寿命。这也表示物体的空间尺度越大，它的时间尺度也越大。换句话说，大尺度结构需要形成的时间越长就越慢形成，这说法比较接近下到上理论。

观测的证据也似乎比较偏爱下到上理论，从哈勃太空望远镜的深空影像（deep field）发现早期的宇宙（z ＝ 7）就有星系，有些还是发展完全的星系，其中螺旋星系、椭圆星系都有。最新的观测还发现，早在宇宙寿命只有十亿年的时候，星系内部就有恒星形成的迹象，如果仍要接受上到下理论，那该理论就得解决大尺度结构必须在十亿年之前就形成，现阶段理论似乎不太可能。

通常天文学家也可以用大尺度和小尺度结构的多寡作为评断的标准，天文学家常把尺度的多寡用功率谱（power spectrum，图53）表示，功率谱的横坐标为尺度的大小，纵坐标用来表示该尺度的多寡，图 53 的两条曲线分别为 HDM 和 CDM，两条曲线从大尺度开始的量是逐渐增加，横坐标到了 0.1 之后，HDM 的曲线开始下降，而 CDM 的曲线继续上升，表示 HDM 的小尺度结构较少。这是可以想象的，因为 HDM 的结构是先有大尺度才再有小尺度，而 CDM 则是先有小尺度再形成大尺度。从多

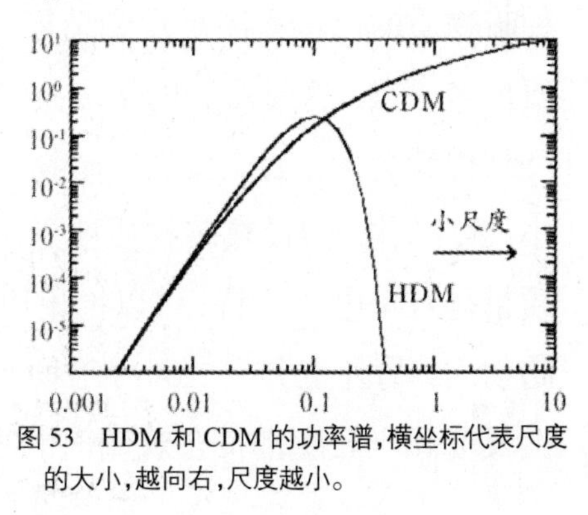

图 53　HDM 和 CDM 的功率谱，横坐标代表尺度的大小，越向右，尺度越小。

体的数值模拟结果来看（图 54），CDM 的质点分布状况也比较接近真实观测的星系分布，而 HDM 的质点分布在大尺度结构部分比较明显。

变种 CDM

但 CDM 模拟的结果也并不是完全和观测吻合，虽然 CDM 在大尺度结构的量比较接近实际的观测，但小尺度的量却又太多。如果 HDM 所产生的小尺度结构太少，CDM 产生的又太多，逻辑上可以用一个混合模型来符合真实观测，也就是在模型中混合了热暗物质和冷暗物质，从调整两种暗物质的比例来满足观测结果。如果混合模型中的热暗物质加多一点，这时短波的密度扰动就会被压抑，最后的小尺度结构就会少一点，反之冷暗物质多一点，就会产生较多的小尺度结构。假设热暗物质就是微中子，并且假设微中子的质量是八个电子伏特，可以推论出三分之一的临界密度是热暗物质，另外三分之二为冷暗物质，如此可以建构出一个在大尺度和小尺度都符合观测值的宇宙模型。

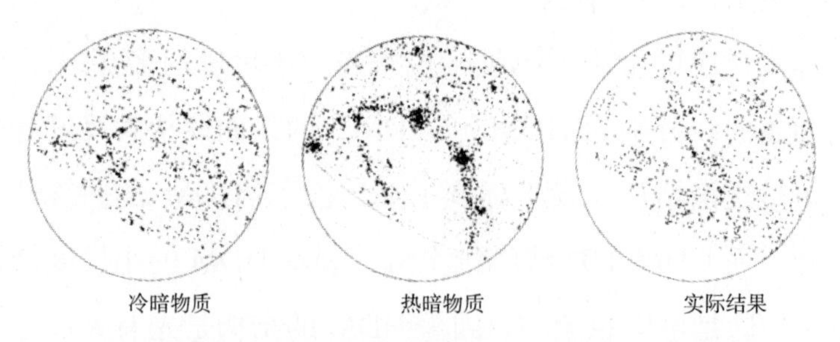

图 54　数值模拟和实际观测的比较（见约瑟夫·西尔克的《宇宙简史》一书）。

另一方面CDM也有许多变种模型，除了标准的SCDM（宇宙是处在临界密度，并且95%的质量来自暗物质），还有tCDM、LCDM和OCDM。各个模型的差异主要来自宇宙参数的不同，例如tCDM是减少功率谱中星系和次星系尺度的量。另外还有一种方式就是引进爱因斯坦最大的错误——宇宙常数，在1916年爱因斯坦原本坚信宇宙是静态且非膨胀，但是他发现静态宇宙是不稳定的，而且将会塌缩。为了维持静态宇宙，爱因斯坦引入一种宇宙斥力，在他的广义相对论方程式中则是一个宇宙常数项。当然宇宙是膨胀的，但是我们可以尝试用宇宙常数来保留一个低密度的平坦宇宙。于是宇宙常数被当作是真空中的能量密度，但是仍能保有一个平坦的暴胀宇宙，这个宇宙常数可以结合适当密度比例的冷暗物质，产生一个具临界密度的宇宙。

虽然宇宙是不可控制且不可重复，但是天文学家可以用超级电脑制造各种不同宇宙参数的虚拟宇宙，拿这些虚拟宇宙的结果再和真实宇宙的观测结果做比较，希望能够厘清宇宙开始和演化的过程。

问津银河

□袁　旂

银河又名天河，或称银汉，在古籍上除它的位置外，并没有很周详的科学记载与猜想。但是在古典文学上，它却占有灿烂辉煌的一页，这一层多多少少与牛郎织女的故事有关，这故事流传已久，汉朝应劭的《风俗通》里已有“织女七夕当渡河，使鹊为桥”的记载，到了唐宋，更是家喻户晓，其题材经常采入诗词歌赋之中，尤其秦少游一篇《鹊桥仙谱》成了千古绝唱。耿耿星河便使人们联想到情人相思，缠绵悱恻的意境，而冲淡了人们对它的好奇心，凝滞了人们探微求知的本性，那个深更半夜跑出去观测银河，想研究一下银河到底是怎么回事，恐怕不被认为是个疯子，也会被目为不风不雅的人士。这篇“问津银河”我们要把这些古代传下来的文艺传说暂时束之高阁，用最没有诗意的立场，来研究一下银河的面貌，剖视一下银河的结构。

从地球说起

大家都知道，地球是太阳系里九个行星之一[①]，我们在地球上看到河山之壮伟，海洋之辽阔。对地球之大已有深刻的领悟，不必言喻。但地球与太阳一比，简直是微不足道，太阳的体积比地球大 100 万倍，质量是地球的 30 万倍。我们把地球放在太阳的表面，只是一个小黑点而已，还没有太阳上的黑子（sunspot）大。但把眼光再放大一点，太阳也是平平不足为奇，它不过是银河系里一颗极普通的星体，银河系里有二十亿个和太阳类似的星，比太阳质量大几十倍，光度比太阳强一百万倍的星比比皆是。银河之广更是不可思议，譬如说我们要想到银河系的中心去，用光的速度来旅行，也要走三万多年（距离约三万光年），假设真有这样一个太空船，我们现在出发，到达之日，已是我们千代子孙矣！大家都晓得地球自转。月亮绕地球转动，地球及其他行星绕着太阳旋转，太阳和其他银河系的星球也是一样的绕银河系的中心旋转。地球自转需时一日，月亮绕地球一周需时

① 2006 年国际天文联合会决议将冥王星从九大行星中除名，现太阳系有八个行星。

——编者注

一月，地球绕太阳一周需时一年，太阳绕银河系中心一周需时一星系年（galactic year），一个星系年等于二亿五千万年，真是天上一秒已是人间八年，银河系岂不是大到极点了，但是在整个宇宙里，它不过只是一粒沙而已，类似银河的星系有三十亿之多，这个空间的直线距离就有十亿光年之谱，真是大不可测，远不可限。图 55 是后发星座（Coma Berenices）附近宇宙一角，碟状光体都是和银河系类似的星系，图 56 是用对红外线敏感的胶片照出来的银河图。

图 55　后发星座（Coma Berenices）附近的星系，中间碟形的光体，都是与银河系类似的星系，每一类星系约有二十亿和太阳类似的星。

图 56　银河全图 用宽视（Wide angle）照相机，用对红外线敏感的底片所摄出的银河系中央部分，中间高起部分是银河中心，中间暗黑色不透光的地带是因星际尘（Inter-stellar dust）吸光（Absorption）所致。这张照片张角大约有 140°。

我们既然对太阳系，银河系与宇宙的关系有了一些粗浅的认识，现在再进一步谈谈银河本身的问题，从历史演进，研究银河系可以分成两个阶段，第一个阶段主要的工作，是测定银河的大小与形状，这个阶段起端于 18 世纪末叶，至 1962 年后渐入尾声。第二个阶段主要的工作是在了解银河结构，这个阶段自1950年开始，异峰叠起，目前正是方兴未艾之时，我们就按照这个历史顺序来介绍银河系。

卡普坦宇宙

来自乡村的读者，一定记得月黑天晴的晚上，天上所呈现的一条银白色襟带，从天的一边横跨长空，延伸到天的另一边。住在城市的读者，因为城市灯光在空气中的散射，可能不能看出这条银白色的襟带。这条襟带在仔细观察下，不难看出是无数星星聚集而成的，就是基于这项观察，18世纪的大哲学家康德（Immanuel Kant）就对宇宙的形状与构造提出有科学价值的猜想，但是这些猜想并不是正确的科学途径，一直到18世纪末叶（1784），英国天文学家威廉·赫歇尔（William Herschel）才用望远镜作了有系统的天文观测，他的方法极简单，就是细数天上的星体，就从这点观测的结果，他肯定银河系的形状有如扁平的磨石，太阳位于磨石的轴洞里。

19世纪里，对银河系的了解可以说毫无进展，但是天文观测的技术，却有了全面性的革新，到了19世纪末叶，荷兰天文学家卡普坦（J. C. Kapteyn）再重新开始研究银河系，他仍旧采用赫歇尔数星的方法，因为对星体距离测定的进步，他的数星技术远步在赫歇尔之上，他用统计的方法，把银河系分成若干重点区域（Kapteyn selected areas），不计其详的观测分析，他花了三十年的时间，最后在瞌目长逝前，发表了他的银河图，后来称作“卡普坦宇宙”（The Kapteyn Universe）。这图形与赫歇尔的结果大同小异。银河系的繁星坐落在一个扁平的图形中，太阳位居此图形的中央，卡普坦运用那时的观测技术，定出这个图形的半径有2万3千光年（图57）。

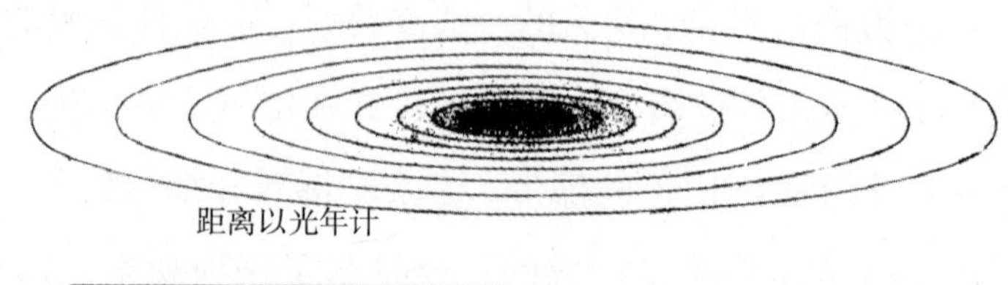

图57　卡普坦宇宙图。凯卜庭以为太阳在银河系的中央，这个观念一直为天文界采纳，1917年谢甫利指出他的错误，但到1930年欧特与林德伯证明银河自转，才完全推翻。

卡普坦的银河观在本世纪初期，是大家一致同意的，因为他数星的结果，发现星数随距离而递减。这是一个“太阳非在银河中央不可”的有力证据。但是非常令人惋惜，赫歇尔与卡普坦都用了一个错误的假设，他们认为星际吸光（interstellar absorption）可以完全忽略，这一点错误使他的结论全部改观。我们后面就要提到，在银河系中的星际尘（interstellar dust）随氢原子气体运行，充塞在银河平面之中，这些星际尘能遮蔽星光，所以虽然我们看到银河系里繁星点点，其实这些都是比较和太阳接近的星，而在银河平面中真正远的星（约15000光年以上）即使用最大的望远镜也难看到。赫歇尔与卡普坦所犯的错误就好像下面这个比喻，在一个大雾的晚上，我们走出去用手电筒四下一照，四面照到的距离全有雾，我们就下结论。我们正在大雾的正中央，其实我们很可能就在大雾区域的边沿，因为手电筒光线被浮在空气中的水粒所阻，四面可达的距离相同，都射不出大雾范围之外。这一层正与太阳在银河系位置相同，我们现在知道太阳并不在银河平面的中央，而是在银河外围，因为星际光吸我们只能看到左近的繁星，而且星数也因光吸随距离而递减，所以错以为我们在银河中央。但是卡普坦的工作并不是就落空了，科学发展是无数经验堆积起来的，虽然他的银河观是不正确的，但是他为研究银河系奠下的基础是颠扑不破的。

1926 的争辩

1917 年谢甫利（Harold Shapley）就开始批评卡普坦的银河观。他的论点是基于银河系里球状星团（globular cluster）的分布与距离，根据这些球状星团的资料，他主张银河系的中心在射手座（Sagittarius）的方向，距离太阳约十万光年。谢甫利在 1918 年发表他的结论，但并不受天文界的欢迎，最显明的是四年后卡普坦总结他的银河观时，并不采用谢甫利的说法。谢甫利并不灰心地搜集更多资料，继续朝他的主张迈进，在推进的过程中，引起了很多次学术争辩，最有名的是谢甫利与克蒂斯（H. D. Curtis）1926 年的争辩（The great debate），这个争辩包括两大回合，对现在银河系的了解有决定性的影响。

第一回合是针对银河中心与距离。克蒂斯代表老派（卡普坦银河观)，谢甫利是新派，我们对老派的看法在上一节已有了交代，我们现在再讨论一下谢甫利的看法。原来银河系组成分子除了独自运行的繁星以外，还有一些星成群结队出现，其中一种叫球状星团，每一个星团拥有大小星体十万之众（图 58）。这些星体因受重力的束缚，虽横冲直闯，但是很少能跑出星团范畴之下。小小几个星成不了气候，纠成十万之众就形成一股势力，银河系中这些星团有一百多个，谢甫利发现他们的分布情形如下（一）对银河平面而言，它们大致对称，就是说平面上下数目相等；（二）这些星团集中在射手座方向。第一点确定其与银河系的关系（属于银河系），第二点使人怀疑卡普坦的银河观，如果银河系如卡普坦所说，球状星团应该很均匀分布在我们四面八方的银河平面上，而不会集中在射手座附近。所以谢利甫乃主张银河系中央应该在射手星座方向。他更进一步，利用莱维特（H. S. Leavitt）对小麦哲伦星云（Small Magellanic Cloud）变星（Variable star）的观测，建立起变星周光关系（period-luminosity relation）测定银河中央距我们约十万光年，当然我们现在往回看，谢甫利的论点是正确的，但是他的理由并不是很充分，当时反对的人很

图 58　球状星团（M13）拥有大小星体十万之众，这些星体造成重力场，使他们自己聚在一起，不能分开颇有作茧自缚的意味。

多，最有名的是克蒂斯，所以 1926 年，美国天文学会把他们两人安排在华盛顿的科学院（Academy of Science）公开辩论。结果两人各执一词坚持不下没有结果，这问题一直到 1930 年欧特（Jan H. Oort）与林德柏（Bertil Lindblad）证实太阳绕着射手座方向旋转，才正式解决。

1926 年辩论的第二回合，也是双方杀得难分难解，大家都不让步。这次相反，克蒂斯的看法对了。科学是集众智的产物，智者千虑，必有一失；愚者千虑，必有一得，自倚天纵之才，完全走主观路线是不可效法的。第二回合的重点落在螺旋星云（spiral nebula）上。自 19 世纪中叶发现了很多的螺旋星云（见图 59），大家就开始研究，到底这些星云是属于银河系，或是银河以外之物，谢甫利主张这些星云是属于银河系的，然而非常不幸，他引用的观测证据，后来发现都有问题。克蒂斯主张螺旋星云是银河以外之物。他最重要的理由有二：（一）有很多螺旋星云横侧面对着我们，而且都有一个暗黑不透光的阴影横卧在中央平面上（图 60），如果银河系就是这样的一个螺旋星云，那么我们见到横跨天际的天河，便正是一个银河星系的横侧面，假设螺旋星云位于银河之外，朝

图 59　螺旋星系（M51）这个星系只有银河系 1/10 的质量，和普通螺旋星系一样有两个主螺旋臂。唯一特别的是只有一个旅伴（在右下角）。

银河方向的螺旋星云便刚好在这阴影背面，就被遮蔽看不见了，朝别的方向，螺旋星云则不会被遮着看不见。这点正与观测吻合，银河方向几乎没有螺旋星云，而其他部分充满了

图60　螺旋星系（NGC4565）这一个星系横侧面对着我们的螺旋结构是看不见的，但其组成与形貌与螺旋星系完全相同，我们可以确定其也有螺旋结构，所有螺旋星系，都是扁平如此图，我们在太阳系看银河所见大致与此图同，参考图56，中央阴暗是星际吸光所造成。

螺旋星云。（二）所有螺旋星云视线速度（line of sight velocity）比普通星体高出许多，他们的自行（proper motion，即垂直于视线方向的速度）却很小。换而言之，如果它们距离很近的话（在银河以内），这么高的速度在几十年走出来的弧度，一定相当可观，即使他们的自行一定也很大，事实正好相反，足证他们远在银河之外。谢甫利与克蒂斯第二回合之争到哈勃（E. P. Hubble）用100英寸的望远镜看到螺旋星云外围的星体时，才渐渐解决。

银河自转

前面提到太阳系与银河中央的关系，到欧特与林德伯证明银河自转，才迎刃而解。欧特是荷兰人，林德伯是瑞典人，他们在 1926 年就开始着手研究银河自转。他们的方法是研究太阳系附近的星体运行。最重要的发现是高速星（对太阳的相对速度），大多数离银河平面较远，而他们的运行方向呈高度的不对称，完全集中在一边（见图 61）。林德伯首先看清楚了这个现象。他认为银河星可以按其分布分成更多系统，在银河平面的星绕银河中心迅速转动。分布在银河上下有相当距离的星则转动较缓。太阳是属于前一系统，所以在太阳系背后一系统的星，多半都逆着我们走，所以才会有这种不对称，同时，我们知道只有接近银河系中心的星转得比太阳系快，这样我们也可观察出银河中心的位置，它是在射手座方向，凭这理由他支持谢甫利的银河观。欧特更进一步仔细分析属于我们一个系统的星体，他发现我们不仅绕着射手座转动，而且这个系统的转动是里面快，外面慢的较差自

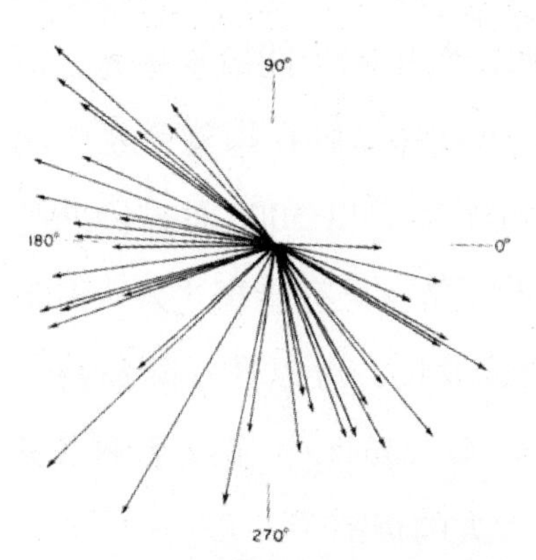

图 61　太阳系左右高速星的速度图（对太阳系的相对速度）。这些星体多半高出银河平面以上多多，他们的旋转速度远比太阳为低，所以我们看起来他们都朝一个方向走，林德伯根据这点，肯定银河中心在 327°射手星座附近（327°是老的银河经度）。

转（differential rotation），太阳系距银河中央为一万秒差距（parsec，一秒差距等于 3.26 光年）太阳公转速度是每秒钟 250 千米，即每小时 90 万千米，这虽然很快，但绕银河中央一周仍须 2 亿 5 千万年。

欧特与林德伯虽然奠定了银河自转与太阳系附近的较差自转，但是真正自银河中央到太阳系以外是如何自转，到底里面比外面快多少，依旧茫然无知，一直到 22 年以后，欧特与他的助手用无线电望远镜观测银河系中氢原子气体的运行，才弄清楚。银河系主要成分是星体，占全质量 95% 以上，星际之间并不是真空，而充塞了很稀薄氢原子气体（H I region），约占全质量 4%，除了氢原子气体以外，尚有星际尘、宇宙线粒子（cosmicray particles）、氢离子气体（H II region）以及其他物质。我前面提到星际尘能散射星光，所以造成卡普坦的错误与克蒂斯所看到横卧在螺旋星系的阴影。普通光学望远镜在银河方向只能看出 5000 秒差距而已（一万六千光年），对整个银河的了解，只有管窥之效。但是无线电波则不然，因为它的波长较长，可以在星际通行无阻，所以自 1937 年詹斯基（K. G. Jansky）发现了来自天外的无线电波，使整个天文学大大的迈前了一步。

大家都晓得氢原子中有一个电子绕着一个质子转动，电子与质子本身都在旋转（spin）。旋转方向更改便会放出无线电波，波长约 21 厘米（cm）。荷兰天文物理学家范·德·胡斯特（H. C.van de Hulst）在 1944 年还是完全用理论预测这个无线电波。但到1951年哈佛大学的伊文与珀塞尔（H. I. Ewen）（E. M. Purcell）果然证实了范·德·胡斯特的预测。欧特与范德胡斯特在荷兰政府鼎力支持下兴建无线电望远镜，致力于银河系的研究，他们最初的结果在1952年开始陆续发表，把银河自转，银河的总质量，最要紧是银河系的结构问题逐渐弄清楚。银河自转与质量是有直接关系，自转结果见图62。角速度（angular velocity）愈近，银河中心愈快，从太阳到银河中心一半距离时，自转增加一倍，接近银河中央而角速度增加数倍不止，根据这个自转率，银河质量高度聚集在内部，密度向外递减。银河的横侧面形态与图63的NGC 4565大致相同。至于结构问题，我们要在下两节讨论。

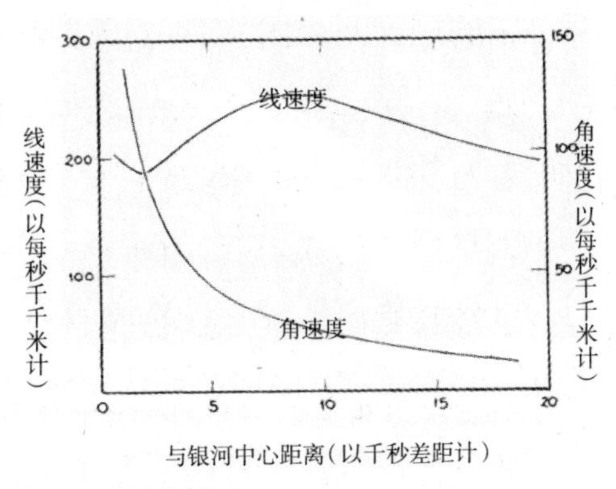

图62　银河自转图

螺旋结构

一个世纪以前，发现了仙女星座（Andromeda）的螺旋星云（M31，见图63），已经有人怀疑银河系也有螺旋结构，确定螺旋星云是银河以外的星系后，大家就不只怀疑，而是想出法子来勘定银河系的螺旋结构。这个问题是相当困难

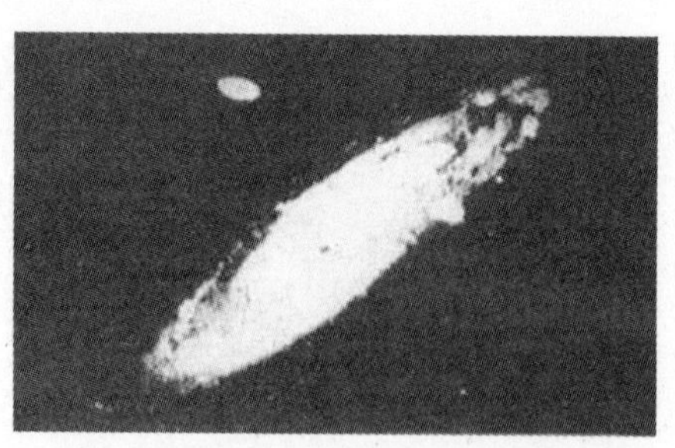

图 63　涡状星系 M31，又称仙女星系（Andromeda galaxy）是最早发现的涡状星系。是唯一可以用肉眼看到的星系。

的，我们乘飞机飞临台北市上空，台北市错综复杂的街道一目了然，但是我们站在台北的中山堂上四面眺望，虽然衡阳街，台北的中华路历历在目，但是要我们把台北市的大街小巷测画出来，就难了。坐飞机看台北市，就像我们用望远镜看仙女星座的螺旋星系一般，螺旋分明在目，登中山堂望台北市，就好像我们在太阳系看银河，是否有螺旋结构。但是天无绝人之路，我们终于发明了无线电望远镜。结构问题大致可以完全解决，现在天文学家又更进一步要了解，这些旋臂（sprial arm）到底是什么，为什么会有。在这一节里我们只从观测结果看银河结构，下一节我们再谈旋臂的本质问题。

前面讲过，可以观测到的星系有三十亿之多，其中 70% 以上都有螺旋结构，德籍天文学家沃尔特·巴德（Walter Baade）是第一个对螺旋结构有贡献的人，他发现仙女星座星等的 OB 型新生星（early-type stars）集中在旋臂中。这个发现很重要，首先因为 OB 新生星光度是正常星球（如太阳）的十万倍或百万倍，这点马上说明了为什么旋臂要比星系其他部位明亮（参考图 59 与图 62）。第二，因为 OB 型光谱的新生星年龄不过数百万岁，比起星系其他一般星的年龄

（数百亿岁），就好像是昨天才诞生的婴儿与白发皤然的老翁一般。这说明星系虽有百亿的高龄，新星球却还在不断地产生。第三，太阳附近的新生星都坐落在密度较高的氢气中。有些新生星温度太高，把氢原子气体变成了氢离子气体，大家都渐渐相信，星球是星际气体凝聚而成，因为新生星诞生不久，不会马上脱离气体集中区域，所以旋臂中一定也是氢原子气体集中地带。这些看法激起了天文界研究银河螺旋结构的狂潮。光学天文学家（optical actronomer）应用巴德的结果，着手测定太阳周围新生星的距离与位置。无线电天文学家运用第三点就开始观测氢原子气体的分布，理论天文学家从事研究新生星形成过程（star formation processes），为什么新生星在旋臂中形成，为什么会有旋臂。

先谈谈光学天文学家的成果。我们前面数次提到在银河平面中的星际吸光（interstellar absorption）。正式勘定星际吸光要归功于庄普勒（R. J. Trumpler），1930 年他发表了对星团（star clusters）的研究结果，证实了这个现象，因为星际吸光各方向并不相同，所以使星体距离测定异常艰巨，很多人想法更正吸光作用，测定新生星距离但

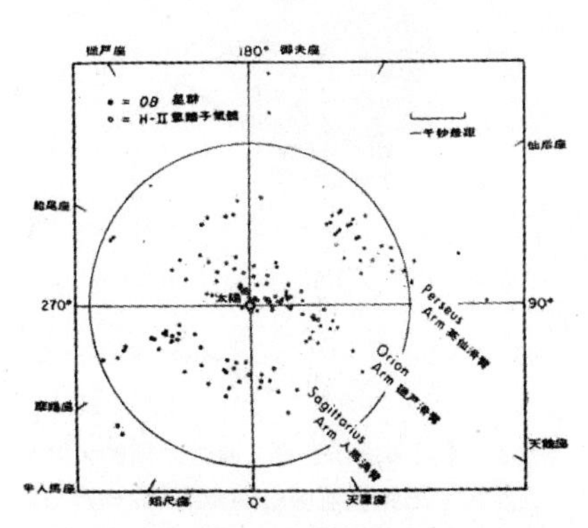

图 64　光学望远镜测出的三个旋涡臂。其中英仙臂(Perseus arm)与人马臂(Sagittarius arm ）才是主臂，猎户臂（Orion arm)只不过是一个不规则的枝节而已。

是都不成功，一直到 1952 年莫根（W. W. Morgan）及他的助手才正确的改正了吸光作用。他们的结果显明地标示出新生星聚集在三个区域中（图 64），最外面区域叫英仙臂（Perseus Arm），中间叫猎户臂（Orion Arm），里面的叫人马臂（Sagittarius Arm）。太阳位于猎户臂的内侧。这证实了银河系的螺旋结构，唯一的遗憾是光学望远镜（optical telescope）终非星际吸光之敌，超过了五千秒差距就不能看到了，所以只能得到局部结构，大结构就非依无线电望远镜不可了。

同年（1952）欧特与范德胡斯特，发表了他们无线电观测结果，因为银河系的较差自转，里面快外面慢，在图 65 中很容易看出来，在银河中心方向左右九十度之内，旋转最快的一点永远在切点小圆上（tangent-point circle）。所以每一个方向与太阳相对速度最大的即是切点速度，利用这个简单的几何原理，可以把通过太阳大圆内的银河自转率求出来，大圆以外的自转无法正确求出，但普遍采用的外推法（extrapolation）有相当的准确性。这样，我们可以建立一个自转率与中央距离的关系，利用这关系我们可以大致定出银河中氢原子气体分

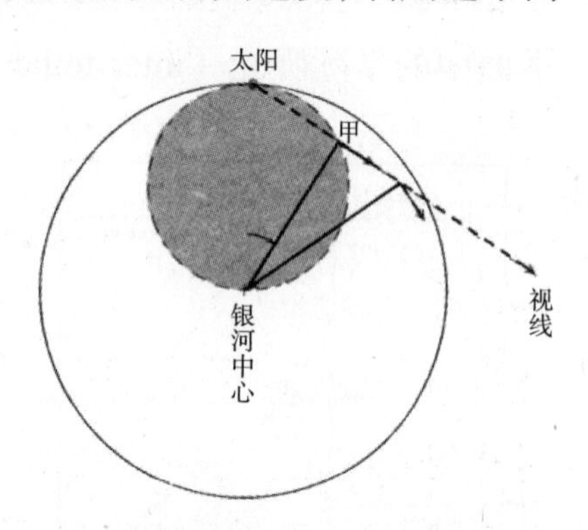

图 65　银河平面示意图。通过太阳的大圆半径（即太阳到银河中心的距离）约一万秒差距（约三万光年）。虚线圆是切点圆。视线上，在切点圆上的气体（如甲）和太阳的相对速度最高，因为距银河中心最近，而且运行方向（箭头）和视线平行。

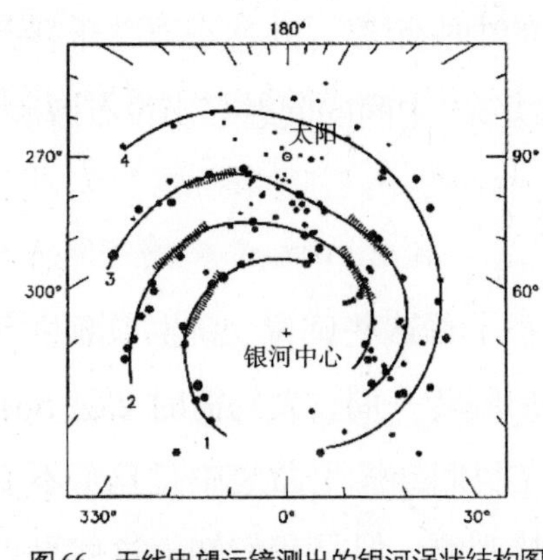

图66　无线电望远镜测出的银河涡状结构图

布。欧特与范德胡斯特定出银河系的北半边的结构，数年后澳大利亚的克尔（F. J. Kerr）观测了南半边，他们的结果见图66中。这个图很清楚地显示着螺旋结构。太阳附近的结构大致与光学观测结果相同。远处螺旋体系虽然紊乱，也有脉络可寻。当然这个螺旋结构并不十分完整，有很多不规则部分，这是螺旋星系普遍现象，银河系自不例外。

在决定结构时有一个很重要的距离，就是太阳与银河中心的距离，这距离虽与无线电观测的银河全貌，关系甚小，但是要使光学与无线电观测配合起来，这距离非常重要，前面言及谢甫利观测变星的周光关系定出这距离十万光年，约三万秒差距，因为他没有改正吸光作用，而且他的周光关系归零（calibration）有错误，所以比现在用的大了三倍，现在用的一万秒差距是经过巴德十年的努力（1952 — 1962），才得到的，用这个数字推算出，我们的银河星系半径约一万八千秒差距。无线电的观测，并且告诉我们银河平面并不完全水平，假设我们把银河想成一个碟子，这个碟子的边缘一边往上翘，另一边往下翘，但是翘得并不厉害，这个现象是由银河系附近的大小麦哲伦星云的重力影响所致，银河系的螺旋结构内起于四千秒差距的中央距离，外达一万二千秒差距。四千秒差距以内组织异常复杂，中间的问题多半没有解决。

密度波理论

现在我们要更进一步，来了解这些旋臂、新生星诞生等问题，首先要提醒大家，星系旋转一周，大约需时 2 亿 5 千万年，所以天上的螺旋星系在我们蜉蝣生命之中是丝毫不变的。旋臂如何旋转，无法直接观测，但是我们知道这些星系都有很强的较差自转。如果这些旋臂随着臂中的星星气体绕中央转动的话，里快外慢只消一两周，螺旋就旋紧数倍。但是我们看到的螺旋星系多半有三十周的历史，而他们旋臂的距离多半很松，毫无旋紧现象，这个事实叫做旋紧矛盾（winding dilemma），它成了研究银河结构理论家的核心问题。有些人认为是磁流（hydromagnetics）造成的，又有些人说银河气体会跑出银河面，再从外围跑回来，但是解释来，解释去，仍无法解决。

瑞典天文学林德伯在 30 多年前就留意这个问题。他算了很多星球运行的轨道问题，这些经验，使他隐隐约约地想到，旋臂也许不是物质臂（material arm），即随臂中的物质运行而周转，而是密度波之呈现。我们都熟悉水波，波起时，有起，有伏，起伏朝一定的方向，用一定速度前进，林德伯觉得也许旋臂是这个密度波的密度较高处（有如波纹之高出水而者），旋臂间则为密度波的密度较低处（有如波纹之低于水面者），而这个密度波沿星系自转方向以一定的角速度前进。星体与气体流进旋臂，再流出去，就像水面上的叶子上下漂浮一般。这样一来，整个银河系虽在转动，但旋臂却不会被旋紧了，好像流水上的波澜在流水上滚动前进一般，在短时间并不为流水拉远或拉近。这个想法固然佳妙，林德伯花了二三十年仍不能有所成，主要的原因他对星体动力学中的合作现象（cooperative phenomenon）认识不够，虽有良田美玉，不得所用。这问题到了旅美中国科学家林家翘，才次第解决。

林家翘不仅从理论上着手，证实这种螺旋密度波（sprial waves）之存在。并且从天文观测中找到证据，支持他的立论。他的研究使天文学进入崭新的一页，海内外知名的荷兰籍天文学家博克（B. J. Bok）在 20 世纪 30 年代中，望螺旋星系而兴叹：那一个能在我有生之年，告诉我旋臂到底是怎么一回事。现在才 60 答案已清清楚楚的放在眼前了。密度波造成的螺旋结构观念已经被人普遍的接受了。1969 年 9 月在瑞士巴塞尔（Basel）举行专门以银河系结构为名的国际天文会议，几乎无人提出异议。

当然这个问题并不如想象的单纯，其中牵涉极广，限于本文的篇幅，我们在这儿只大体谈谈。密度波可以运用到任何一个螺旋星系上，因为我们对银河系的知识最周全，所以目前重点放在银河系上。根据密度波的理论，我们可以推算出一个具有两个旋臂的波式（wave pattern），这个波式起于四千秒差距，密度波绕银河中心的角速度叫式速（pattern speed），银河式速只有银河自转（以太阳为准）的一半，旋臂中总密度比平均密度大 1/10 而已，这 1/10 主要是由星际气体与低速星球所造成，因为低速星球多半是新生星，所以旋臂虽然质量并不太多，光度却甚强。然后再看星球为什么在旋臂中诞生，那是因为式速比自转为低，假如我们跟着式速转动，看见气体与星体流入旋臂中，当星际气体流入旋臂时，旋臂本身的重力场，会使气流形成一个冲击波（shock wave）这个冲击波使氢气云（HI clouds）周围压力陡增数倍，很多氢气云本来无法凝聚成星的，现在都被压缩成星，所以新生星不断在旋臂中产生出来。星体因其质量不同，演化（evolution）时程也不一样，OB 型的新生星，演化很快，光度特强，但一亿年就寿终正寝，不复见矣，一亿年的光景，这些星还跑不出旋臂的范围之外，所以旋臂永远被新生星点缀着，这点正说明了前一节的第二个问题，同时可以算出这个冲击波超过一万二千秒差距就失去了力量，所以银河系的旋臂只延伸到一万二千秒差距，这点正与观测相吻合。另外密度波的理论，发现二个主旋臂是不可避免的结果，这点也是与所有观测符合，除了这些重点之外，密度波对星际磁力场、宇宙线、星际尘都有极合理又与观测一致的安排，所以这个理论一出，造成天文界洛阳纸贵的现象。

结论

很多人觉得天文学家是一群很奇怪的动物，多少生死存亡的事不问，而钻在牛角尖里，关在象牙塔里，研究一些看不清、摸不到的东西，那个要管银河系有没有螺旋结构，有没有密度波，有了又怎样，没有又有什么关系。这个看法似乎很有道理，但是并不完全对，假设当年开普勒（Kepler）与牛顿（I. Newton）不做傻瓜，不做怪物，夜观天象，关了门研究行星的规律，我们绝不会有今日的科学文明，他们的天文研究对我们生活的改善有很大的帮助，我现在就这节结论，稍微谈一谈研究螺旋星系对我们可能有的影响。

密度波的理论是建立在恒星动力学（Stellar Dynamics）上，恒星动力学与电浆物理（plasma physics）的基本原理是不可分割的，电浆物理主要的目的在控制核反应，使原子能用在工业与日常生活上，这工作如果做成了，别的不说，一加仑海水里所包含的重氢（Deuterium）用来作燃料，可以开汽车走遍中国不要加油，用来烧饭，可以烧几年。其重要性是不必言喻的，现在各国都在花钱发展电浆物理，但是这门学问之难，难于上青天，这么多年的努力，成果渺乎其小，尤其做实验，费钱无算，而困难重重，恒星动力学与电浆物理在理论上非常相似，星体间是以重力互相牵制，离子与电子是以电磁力互相牵制，普通星系都有自转，这点又与电浆有外加磁场相同，所以研究恒星动力学与解决电浆物理有相互关系，密度波理论之成功，很引起电浆物理学家注意，因为有些实验，不是有限的金钱力量可以做的。但是这些实验可能大自然已经替我们做好了，放在天上，只要等我们去观测。当然目前这两门学问离沟通之日尚远，但是从科学的发展史来看，这一天的来临是不会太远的。我们从这个角度看去，天文学家存着这种理想去研究大自然的现象，他们不仅不是只图空想，不务实际的人，而是时代的拓荒者。

星系的碰撞

□曾耀寰

牛郎、织女除了是神话里的人物，也是天上的星座——牛郎星、织女星，西方人称作天鹰座α星、天琴座α星。民间传说每年农历七夕来临时，牛郎星和织女星会在喜鹊的牵引下，进行一年一度的相聚。现在我们已经知道它们根本不可能碰在一起。不过宇宙中的确有一些星系会碰在一起，这种巧遇谈不上迸出爱的火花，反而有时还真像是人间炼狱。

星系就像人类一样具有社会性，它们会成群地聚集在一起而形成星系团，星系团也会聚集成超星系团，就像人类的家庭、都市、省、国家一样。星系的聚集主要是靠重力，在这么大的尺度下，天文学家都假设没有其他作用力能够与重力相匹配，因此在讨论星系的动力行为时，重力是最重要的作用力。

一般星系团内，各个星系之间的距离差不多是星系大小的 10 ~ 100 倍。星系间的平均自由程为 $(n\sigma)^{-1}$，其中 n 是密度，σ 是截面积，所以平均自由程 λ 为 $\frac{10^3 d}{\pi} \sim \frac{10^6 d}{\pi}$，$d$ 是星系的大小，一般约 20kpc。假如星系以每秒 100 千米运动，则星系大约每 30 亿年 ~ 3 兆年就会碰撞一次，因此在 100 亿年间，每个星系可能有机会与其他星系碰撞一次。

图 67　较大的星系为 M51。位在下面与 M51 相连的较小星系是 NGC5195。很明显这两个星系有“擦撞”事件发生。

以往许多天文学家并不重视星系碰撞的现象，但是最近的观测（见图 67）及理论的进展，再加上最新的数值模拟理论，逐渐证实星系碰撞比以前想象的次数还要多。除此之外，星系碰撞后会形成全新的外观，这对星系演化以及分类提供新的解释。

碰撞乎？骚扰乎？

事实上，星系的碰撞和我们日常的经验不完全相同，严格说来，只能算是惊鸿一瞥。星系之间的交互作用靠的是重力，但是星系内，恒星之间的距离远大于恒星的截面积，几乎不可能有面对面的相撞。即使在星系团，星系以每秒数千千米的速度与其他星系擦肩而过，也不会造成影响。不过，假如星系以每秒数百千米的速度经过另一星系，那就很有可能严重地影响另一个星系，甚至会达到“天人合一”的境界。

在力学的教科书中有详细的描述：当一个物体 A 经过另一个静止的物体 B 时，物体 A 的轨迹会受到物体 B 重力的吸引而朝向物体 B 弯曲。所以两物体不需要正面碰撞，但彼此会受到对方的重力影响，改变运动状态。弯曲的程度受到许多因素控制，例如物体 A 的速度较慢，弯曲的程度较严重。物体 A 离物体 B 较远，就比较不受影响。此外，除非是正面的碰撞，物体 A 的轨迹呈现出抛物线或双曲线，在特殊情形下，也有可能变成圆周运动。

两星系团的交互作用较为复杂，简单地说，运动速度愈慢，星系之间的碰撞就有足够的时间形成较大的潮汐力，星系会造成较大的变化。潮汐力与重力差有关，就像压力梯度类似，两相邻点受到不同程度的重力，因此感觉上二者之间还有一个作用力存在。在体积庞大的星系团，这种潮汐力现象特别明显。地球上每天两次的涨潮就是潮汐力最佳例证，涨潮主要因为地球靠近月球的海水受到较大的重力吸引，使得海水朝向月球移动（潮汐现象的详细原因，请参考费曼的物理学讲义）。假如我们想利用古典力学的方法，求解两个以上物体因重力作用而相互运动的情形，基本上是无法解析地得到答案，所以想要了解两个相互接近星系的运动情形，除了电脑模拟，别无他法。有些聪明的理论学家，为了知道某些特定性质，也许可以设计出模型，化简整个问题，但还是会忽略一些重点，所以在星系碰撞的问题上，电脑是不可或缺的工具。

星系的分类

笔者记得大学时代的一位同班同学，他是天文社社长，有一回他仰望着天空呆望，突然他用手一挥，在无际的夜空划上一笔，然后正经地说："那是银河！"当时的我悟性较差（或许是视力较差），始终找不到银河，虽然书本上总是写道：夜空中除了满天的繁星，还可以隐约看到模糊的带状结构横跨天空，那就是我们的银河系。

早在 18 世纪，人们就已经知道天空中有一些模糊的物体，这些模糊的物体刚开始称作星云，而漩涡状的星云则是早期科学家研究的重心。我们现在都知道，当时称作星云的，事实上就是星系——由数 10 亿颗恒星所组成的集合体。根据哈勃（E. P. Hubble, 1889 – 1953）的长期观测，星系的形状可以分成三大类：一种是扁平状的螺旋星系（spiral galaxies，见图 68），一种是椭圆状的椭圆星系（elliptical galaxies，见图 69），剩下的归为第三类不规则星系（irregular galaxies）。刚开始大家并不了解这三类星系之间的相互关系，

乃至于对这三类星系的形成原因都不清楚，例如螺旋星系为什么有这么壮观的旋臂，其旋臂是如何形成？为什么旋臂大

图68　M81螺旋星系，图中两条旋臂非常清楚。

图69　左边较大的是椭圆星系M105，右下方也是椭圆星系NGC3384，右上方则是螺旋星系NGC3389。

都只有两条？为什么有时候螺旋星系中间还有一个棒状结构？这些问题至今都尚未完全解决，基本上，天文学家都认为麻省理工学院林家翘院士和加州伯克利大学徐瑕生院士所提的“密度波理论”是旋臂形成的原因。至于外观看似简单的椭圆星系和状似复杂的不规则星系，还是令天文学家头疼的问题。

为什么有不同长相的星系？

一个很直觉的问题：为什么会有三种长相截然不同的星系？假如从星系形成原因下手，我们可以说当一团气体开始收缩，逐渐形成星系时，整个系统为了维持角动量守恒，所以会收缩成盘状结构。这个盘状结构会旋转，旋转轴垂直盘面，这应该是盘形螺旋星系形成的原因。那么椭圆星系可能

是整个系统的角动量太小，收缩过程中，比较不受角动量守恒的限制去形成盘状结构。至于少数的不规则星系就算是个意外吧！不过为什么有些气体团有较大的角动量，可以形成盘形星系？有些则因为角动量太小，只能形成椭圆星系？除此之外，椭圆星系内的气体和尘埃非常少，这又是什么原因？另外那些属于意外的不规则星系真的只是突变种？它是否可以提供一些讯息？

先前提到的星系碰撞，也许可以对这三大类星系之间的关系提供一些线索。的确，现在有一些天文学家认为，星系碰撞是连接这三大类星系形成原因的接点。假如将星系碰撞的现象研究清楚，一些重要的形态学（morphology）问题应该可以迎刃而解，而电脑模拟就是那把利刃！

数值模拟的树枝状码

利用电脑模拟星系动力学问题时，一般都是将许多颗恒星当作一个质点来处理，而每个质点受到其他质点的重力吸引，再将这些重力加起来，利用牛顿运动定律，计算每个质点的运动情形。例如整个系统有 N 个质点，每次光做重力叠加，大约需要 N^2 次。这么庞大的计算量，即使用超级电脑（编者注：这是指 1980 年代的超级电脑），也只能计算数千个质点的运动，但是如果用数千个质点来代表一个星系（10^{11} 颗恒星），它所算出来的结果，是无法令人信服！更何况是两个星系的碰撞。

直到最近，电脑的硬件快速进步，向量化和平行化的计算机使得计算速度增加了。尤其是平行电脑，有时在一个主机板上装了数百颗 CPU，就好像有数百台电脑同时进行运算。另外，科学家也发展了新的模拟技术——树枝状码（tree code），它的原理很简单：当电脑计算某个质点所受的重力时，对于附近的质点，就将重力一个个加起来，较远的质点，就将一团的质点群当作一个大质点处理（见图 70）。这种作法是令人信服的，例如我们在计算地球公转轨道的时候，也是将太阳当作一个质点看待。这种技术最先是由阿佩尔（A. W. Appel, 1985）提出，他先设定一个标准，当一团质点群的δ_s / d 小于某一数值 K（ 是质点团的大小，d 是和质点团的距离），就将这团质点群看成一个，若大于 K，就将这团质点群分成两半，直到满足标准为止。这种方式就好像树枝一样，不断地分叉成两根较小的树枝（见图 71）。

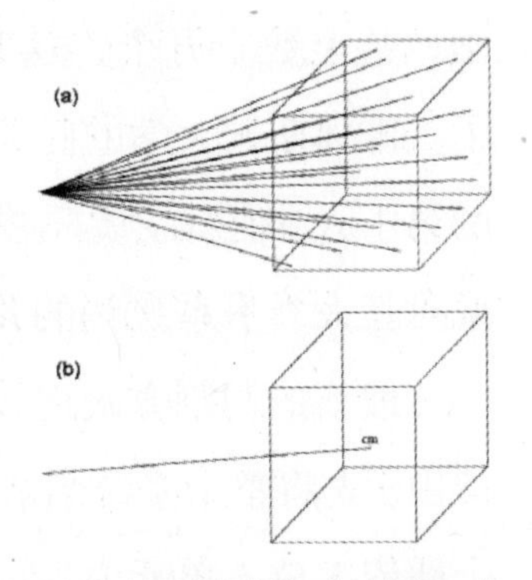

图 70　N-质点方法。(a)将每一个质点所产生的重力，全部叠加起来。(b)假如这些质点离得够远，我们就可以看成一个质点，位在质量中心(cm)的位置。

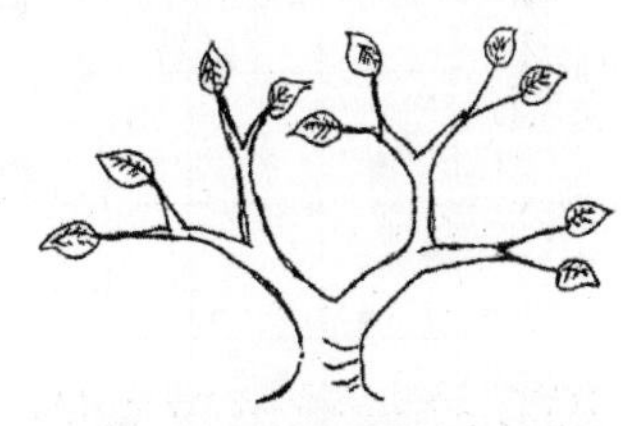
图 71　艾贝尔的树枝状码，是属于二元树枝状码，每根树枝可以再分成二条小树枝，而叶子代表每一个质点。

利用树枝状码可以使整个模拟系统的质点数提高到数万

个，甚至数十万个，这时星系碰撞的电脑模拟就变得可行了。普林斯顿大学的巴尼斯（J. Barnes）就是模拟星系碰撞的第一人，他对发展树枝状码也有很大的贡献。他模拟的结果对三大类星系之间的关系有重大突破。

最新的切割方式比较有规则性。例如巴尼斯在二维的模拟中，先将整个系统当成一个大的单元，然后将质点一个一个地依次放入单元内。假如单元内有两个以上的质点，就把单元四等分，直到每个单元内只有一个质点，分裂的四个小单元是原先母单元的子单元（见图 72）。

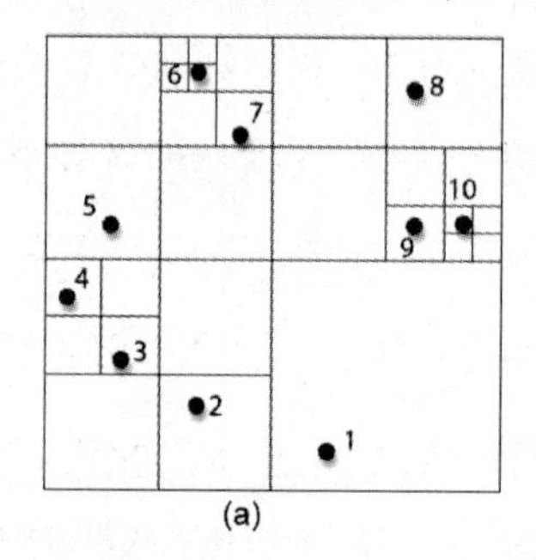

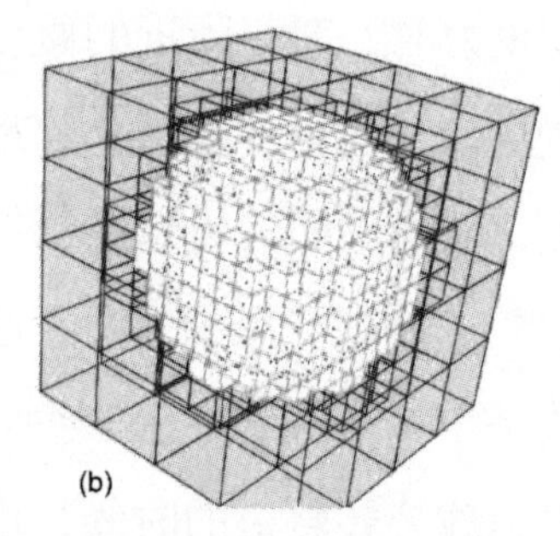

图 72 （a）巴尼斯（J. Barnes）二维的树枝状码。在每一个单元内最多只有一个质点，假如超过一个质点，就将单元四等分。（b）在三维的情形下，则是八等分。

同样的，我们也要设定一个标准来计算重力，这次的δ_s是单元的边长，是单元的质量中心到质点的距离。当计算质点所受的重力时，我们先从最底层的母单元开始，假如这个单元的δ_s/d太大，就向上找它的子单元，看看子单元的δ_s/d是否满足我们设定的标准。假如满足，就将这个子单元当作一个质点，计算它所产生的重力。这种树枝状码一般可以使

计算次数 N^2 次降低到 NlogN（N 是质点数）。

根据电脑屏幕所显示的结果来看，当两个螺旋星系相互碰撞后，外观会变得非常不规则，例如 U 型（见图 73），但经过一段时间之后，会发展成椭圆星系（见图 74）。这和先前的说法大不相同。

图 73　下面是NGC4038(较大部分)，上面是NGC4039(较小部分)，两个星系紧密地缠在一起。

电脑屏幕上的真实宇宙

将一个真实的宇宙显现在屏幕上，似乎有点不可思议，但是现今高速电脑的发展，只要使用得宜，一幕精彩的星系碰撞是可以重现。在图 74 中，我们清楚地看到两个螺旋星系在重力的吸引下，逐渐靠近，然后整个形状开始改变，潮汐力使得某些部分被拉扯开来，然后两个螺旋星系慢慢地合而为一，最后形成椭圆星系。但是所有的椭圆星系都是这样形成的吗？即使是巴尼斯本人也不敢下此结论。这只不过是其

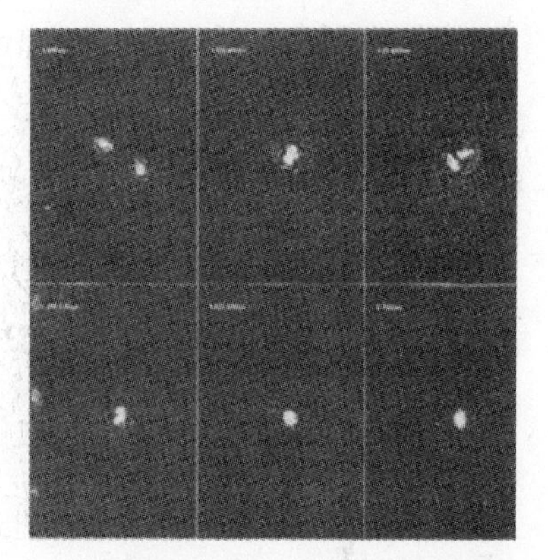

图 74　巴尼斯所做的一些电脑模拟结果。图形排列先上后下，由左至右。刚开始两个星系受重力吸引，以逆时钟方向互相旋转靠近，然后分开。在 11 亿年之后，两个星系又靠在一起，这时就会粘在一起，慢慢地形成一个椭圆星系。

中一种理论，也许它可以解释大部分的现象，但是浩瀚宇宙是非常多彩多姿，虽然我们对屏幕上显示的星系碰撞感到惊讶，它是那么的真实，让人觉得宇宙就是这样，但是我们也不要忘记电脑的极限，毕竟人类只是沧海之一粟罢了！

大麦哲伦王的新衣服

□曾耀寰

锣鼓喧天，欢声雷动，一年一度的皇室游行又来临了，大麦哲伦王穿上最新设计的黄袍，坐着八匹硕壮白马拉的车正缓缓地滑过坚硬的石板大路，今年大麦王特地请了有名的意大利设计师为他置装，设计师整整花了半年的时间订制号称独一无二的黄袍，两旁的老百姓看的连连称奇，唯有一黄口小儿天真地叫道：国王脱光光！国王脱光光！

暗物质的发现

童话中的国王号称穿了件名牌服饰，在黄口小儿的眼中是啥都没穿，国王或许穿了件透明衣，我们只要从国王的一举一动是否感受到华服的沉重，即可断定国王到底是穿了透明衣，还是根本都没穿。在天文上也有类似的国王新衣服，一件天文学家看不到的新衣服——暗物质（Dark Matter）。

天文上还有许多谜尚待解决，宇宙大尺度结构的形成、星系的形成、星球的形成，至今都还没有详细的答案，坦白说，真正解决的问题实在屈指可数。在这些谜当中，作者认为最复杂、也最有趣的应该是宇宙中的暗物质，什么叫做暗物质？最简单的说法：暗物质就是不会发光的东西，这种看不到却又确实存在的东西最令人着迷。寻找暗物质最早可以追溯到1844年，当时天文学家发现天王星和预测的轨道位置差了2秒弧（arc minute），同年贝塞尔（F. W. Bessel）也发现天狼星有蜿蜒的轨道运动。在当时这些现象都归咎于暗物质在四周作怪。现在大家都知道天王星的暗物质就是海王星，而天狼星其实是一个双星系统，其中一个伴星太暗，当时并没有找到。

最早猜测银河系有暗物质的是1922年卡普坦（J. C. Kapteyn）和金斯（J. S. Jeans），以及后来的林伯德（B. Lindblad），他们观测银河盘面靠近太阳附近的恒星运动速度，然后推算太阳系附近的密度，卡普坦推论太阳系附近有暗物质，但不会太多。1932年奥尔特（J. H. Oort）也用相同的方法，却得到太阳系附近暗物质的密度是其他发光天体的二倍。直到今日，太阳附近的暗物质数量仍旧争论不休，库依肯（K. Kuijken）和吉尔摩（G. Gilmore）认为没有充分的证据显示太阳附近有暗物质，但是巴考（J. N. Bahcall）、菲林（C. Flynn）和古尔德（A. Gould）却有 86%的信心认为没有暗物质的模型理论与观测资料不符。矛盾就出在观测所选的指标星（tracer stars），指标星是某一特定光谱形态的星球，天文学家利用指标星的分布来决定所有质量的分布状况，很不幸地，选择不同的指标星有时会导致完全相反的结果。

1970 年弗里曼（K. C. Freeman）最先建议在星系尺度的范围内也有暗物质晕，他发现 NGC300 和 M33 旋转速度分布不是开普勒分布（V）；另一方面，欧斯垂克（J. P. Ostriker）和皮布尔斯（P. J. E. Peebles）推论螺旋星系必须有暗物质晕才能免于棒状结构的产生。根据理论和电脑模拟的结果，盘形星系很容易产生棒状结构（图 75），但是观测资料却告诉我们大部分的盘形星系并不是棒旋星系（bar galaxies），解决这个难题有数种办法，暗物质晕是其中的一种。

图 75　棒状星系的中心有个棒形的结构

许多证据告诉我们暗物质的确存在于星系内，天文学家还想用更科学的方法探知暗物质的总质量、密度分布状况、温度等物理参数，甚至想知道暗物质是为何物！接下来我想要介绍如何探索星系内的暗物质。

图76　侧向星系，很明显可以看到中心部分最亮。

星系的平滑曲线

观察盘形星系的照片可以明显发觉星系的质量应该集中在中心区域，实际上我们看到的是星系的亮度（图76），盘形星系的中心有一个几近球状的核球（bulge），星系所有的亮度都聚集在核球，并且亮度很快地随着距离增加而变暗（图77），假如星系质量与光度比是一定值，那么质量集中在中心核球区域是蛮合理的。根据开普勒定律，星系盘面上星球绕行中心的轨道速度应和离中心距离的平方根成反比，也就是说越外围的星球轨道速度越慢，这和太阳系内九大行星的情形相同（图78）。

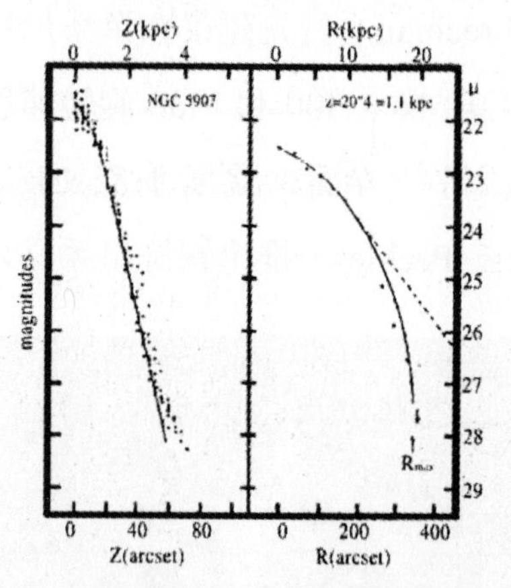

图77　光度分布图。图左是垂直盘面的光度分布，横坐标是垂直盘面的高度，纵坐标是星等数；图右是盘面上的光度分布，横坐标是银心距，纵坐标是星等数。

只有在本银河系内的星球才够近得能量进自行运动（proper motion），才能量出星球绕行核心的速度，即使是离我们最近的麦哲伦星系也需要花两万年的观测时间才能量出每秒二百千米的轨道速度，或者说在天空中看出有一秒弧的位置变化，想要单独测量星系内星球的速度是非常不可能的事。想想

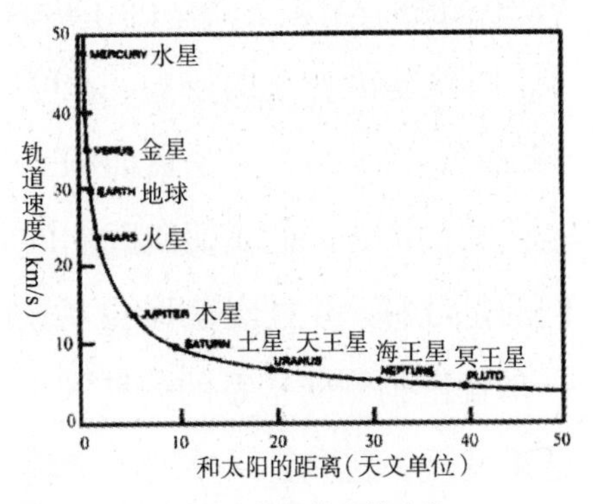

图 78　太阳系九大行星的公转速度

别的办法吧！多普勒效应也许派得上用场。1915 年史利佛（V. M. Slipher）利用邻近星系的红移效应证实宇宙膨胀的

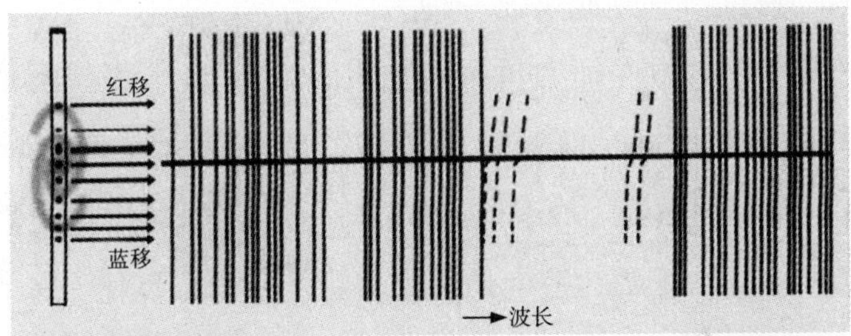

图 79　测量星系公转速度图。基本上是量谱线的红蓝位移，先将狭缝沿盘面放置，右边是将狭缝沿星系盘面放置所产生的发射光谱线，垂直线是不同原子的谱线，大部分的谱线是来自地球大气的 OH、氢原子和氧原子，倾斜的谱线是来自星系的氢、氮和硫的发射谱线，倾斜的原因是星系盘面自转产生的多普勒效应。横坐标是波长，纵坐标是银心距，离银心越远，谱线的红蓝位移越大，表示速度越大。

理论，鲁宾（V. C. Rubin）、（W. Kent）和伯斯坦（D. Burs tein）也利用多普勒效应测量星系盘面上星球的轨道速度（见图 79）。基本原理很简单，只要量星系盘面的光谱，从光谱线的红移或蓝移的程度，就可以算出旋转的速度。这套方法

只用在侧向星系（edge-on galaxies），当望远镜对着侧向星系，将狭缝沿着盘面放置，就可以看到光谱线的红移和蓝移的现象，这是因为星系盘面的一半朝向我们前进，另一半则是向我们离去，造成朝向我们的光谱有蓝移，另一半远离我们的是红移。并且红蓝移的多寡代表旋转速度的快慢，如此一来就得到侧向星系的公转图（rotation curve）。从许多观测结果发现：盘形星系外围的旋转速度比预期的高，几乎趋于定值，表示外围的星球受到较强的重力，这个证据强烈地告诉我们星系周遭有一很大的暗物质。暗物质是很难看见的，我们又如何知道星系暗物质的物理特性，它的密度分布？它的运动速度？它到底是哪一种天体？

模型的建立是研究星系暗物质的第一步，假设星系是由三种成分组成——圆球状的核球、扁平的恒星盘（stellar disk）和暗物质晕（dark matter halo），恒星盘可以用指数形式表示，暗物质晕的密度是和银心距的平方成反比，这个假设是和平坦公转图（flat rotation curve）有关。当公转速度为一定值时，为了保持重力和离心力的平衡，内部的质量须和银心距成正比，也就是说密度和银心距平方成反比。从观测星系的光度分布图（luminosity profile）可以分解成核球的光度分布和星盘的光度分布，在假设一个质量光度比（massluminosity ratio）的状况下，我们可以从光度资料推算出核球和恒星盘的详细密度分布图。在这个模型中有四个物理量无法直接观测，我们把它们当成可以调整的参数——核球和恒星盘的质量光度比、暗物质晕中心密度和中心核的半径。从三种成分的密度分布可以算出恒星盘的公转速度，和观测的公转图拟合就可以找到最合理的四个参数。不过四个参数的拟合并不令人满意，假如我们已经知道其中一个大自然给定的参数值，然后用剩下三个参数作拟合的动作，这时得到三个最佳化拟合参数，加上给定的参数，很有可能比不上直接用四个参数拟合的结果。因此学理论的科学家总是希望用最少的参数来解决问题，太多参数总令科学家感到芒刺在背。我们可以用一个极大盘的方法来作拟合，首先假设恒星盘在星系中心附近的重力效应远大于暗物质晕，这时公转图靠近中心的部分可以忽略暗物质晕，直接用核球和恒星盘的密度分布作拟合，先求出质量光度比，外头超出的旋转速度则来自于暗物质晕，只要用先前求出的核球和星系盘的密度分布加上暗物质晕的密度分布，拟合外头的旋转速度，求出另外两个暗物质的参数。

还有一种方法是先固定某一个参数，公转旋转图显示星系外围的速度几乎不变，我们知道这是暗物质的重力作用所造成的，从外围的公转速度我们可以估算出暗物质中心核半径（$\approx V_c(\infty)/\sqrt{2}$），这样就只剩下三个参数了。

极大盘模型是否真是暗物质分布的特性？星系中心的暗物质是否真可以忽略？这都是值得讨论的问题。

极环星系

平坦公转图并不能说明暗物质晕的三维分布情形，因为我们都只是观测星系盘面上的动力行为，测量盘面上恒星的公转速度，还是无法得到垂直盘面的资料，也就是说暗物质晕的扁平程度并不清楚，极环星系（polar ring galaxy）正可以弥补这个部分。直接从照片上看，极环星系长得像一个十字，其实它是一个盘形星系加上星尘、气体和星球组成的环形结构（见图 80）。极环星系是属于早期星系（early-type galaxies），环形结构内的物质是沿着盘面极轴、绕着盘面旋转，环形结构和盘面正好呈九十度排列。由于环内物质的运动方式与盘面上下的重力有关，恰好可以提供暗物质在盘面上下的分布状况。极环星系的环并不是非常地圆，经常呈椭圆形轨道，沿着极轴的方向较长，史威哲（P. L. Schweizer）等人认为当物质走到南北极时的运动速度会比经过星系盘面慢，速度大小的比值与暗物质晕的扁平程度有关。他们比较离银心 0.6 位置的环和星系盘公转速度，发现暗物质晕长轴和短轴的比

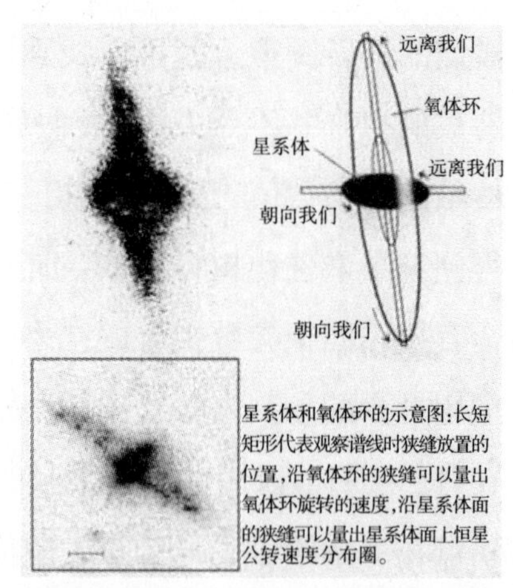

图 80　极环星系示意图，左边是影像，右边是星系盘和气体环的几何图，下图是 A0136-0801。

值从 0.86 ± 0.21 到 1.05 ± 0.17 不等，这比教科书上（1987 年 J. Binney 和 S. Tremaine 所著）所写的扁三倍。阿纳博迪（M.Arnaboldi）在 1993 年也观测一个极环星系（AM2020-504）的扁平度，结果该星系的暗物质晕椭圆程度差不多属于 E4，AM2020-504 是一椭圆星系。

天文学家到底如何利用极环星系的特性来估计暗物质晕的形状？首先又是要先建立模型，然后再和观测量对比，找出每个参数值。基本上我们假设极环星系是由四个部分组成，一个圆形对称的核球、一个厚恒星盘、一个薄环带状的极环和一个轴对称扁平暗物质晕。模型当中有六个参数，分别是核球的质量光度比、恒星盘的质量光度比、暗物质晕核球的半径、星系盘面的旋转速度、暗物质晕扁平程度和极环的质量。观测资料有四种，分别是星系的光度分布图、星系盘面上的旋转速度、极环的旋转速度和极环的密度。

在作模型和观测资料拟合的时候，由于参数（六个）比观测资料（四个）来源多，所以我们还须作一些假设。第一个是所谓的极大盘假说和极大晕假说，极大盘假说是将暗物质晕的质量压低，让公转速度的大小是由星系盘控制，相反地，极大晕假说则是提高暗物质晕的质量。不过极大盘假说并不能无限制地增加恒星盘的质量，我们必须给定一个质量光度比的上限，以免造成不合理的质量光度比。在这情形下，发现没有暗物质晕或暗物质晕太少，使无法和靠近中心的公转速度观测值一致。以 NGC4650A 为例，最理想的拟

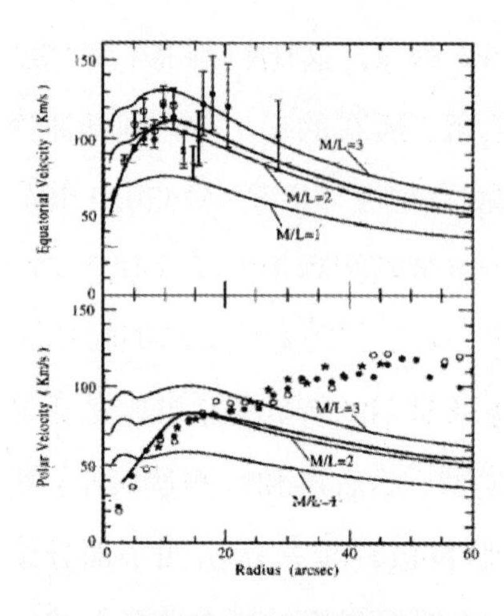

图81　上图为赤道面的公转速度图，下图为极轴方向的公转速度图，圆点是观测值，线条则是理论模型，横坐标是银心距，在靠近中心的拟合结果明显不符。

合下，恒星盘的质量光度比为2.5，核球的质量光度比为0.5，恒星盘的总质量为$7\times10^9M_{sun}$，不过核球的质量光度比有点偏低（图81）。假如是用极大晕假说，旋转速度的拟合只靠暗物质晕，这时发现暗物质的扁平程度为E4到E5有最好的拟合，圆球状的暗物质晕拟合效果最差。假如增加恒星盘和核球，暗物质晕为E3或E4的拟合效果最好，再增加极环的话，E6到E7的拟合最好。

重的紧凑光环物体（MACHOs）

到目前为止都只在探讨星系暗物质晕的存在与否和分布情况，至于暗物质晕的组成和个别特性，如单一暗物质的质量和体积大小都不清楚，它可能是巨大的黑洞，也可能是几乎没有质量的微中子。另外有一些质量很小，小到无法产生核融合反应的星体也是暗物质候选人之一，如木星类行星，或是棕矮星（brown dwarf）。天文学家经常将暗物质分成壮汉（Massive Astrophysical Compact Halo Object, MACHO）和懦夫（Weakly Interacting Massive Particle, WIMP）两类，

MACHO 是属于天文学家较偏爱的天体，WIMP 则是高能物理学家心目中的最爱——高能的基本粒子。1986 年帕金斯基（B. Paczynski）首先提出麦哲伦星云内的恒星可以看到暗物质晕的重力微透镜效应（gravitational microlensing），理论上就可以估计暗物质的质量，甚至它的大小。这类的观测非常费时费力，以麻雀计划（MACHO）为例，计划主持的是查理斯（A. Charles），他们全天候使用澳大利亚史创罗峰天文台（Mount Stromlo Observatory）的 1.27 米望远镜，可以同时取得红光和蓝光的影像，经过两年的观测，总共监控了八百万多颗恒星，找到的可用事件几乎屈指可数。

初期的研究分析显示：银河系内 20%的暗物质晕可能来自质量在 0.1 太阳质量到一个太阳质量的天体，最新的观测研究则是针对质量与行星相当的天体。查理斯认为观测的重力微透镜事件应该有十五件左右才能确认暗物质晕是由小质量的天体组成，但是他们却一件都找不到。因此天文学家现在认为银河系内的暗物质晕不可能全都是行星类的天体（质量在一个火星质量到八十个木星质量），并且拥有 25 个木星质量的天体只占暗物质的 20%，所以到现在为止银河系的暗物质来源仍是个谜。

昏暗的包晕

1994 年，著名的《自然》杂志（Nature）刊登了一篇 NGC5907 的观测结果，这次观测很可能是天文学家第一次亲眼看到暗物质晕的存在。萨基特（P. D. Sackett）是普林斯顿高等学术研究院的天文学家，她和一群天文学家利用KPRO90 厘米的望远镜对 NGC5907 作光度的测量（见图82），她们的技术可以辨识出 27mag arcsec $^{-2}$ 的背景星光，换句话说只要是比 27mag arcsec $^{-2}$ 亮的结构都可以分辨出来。

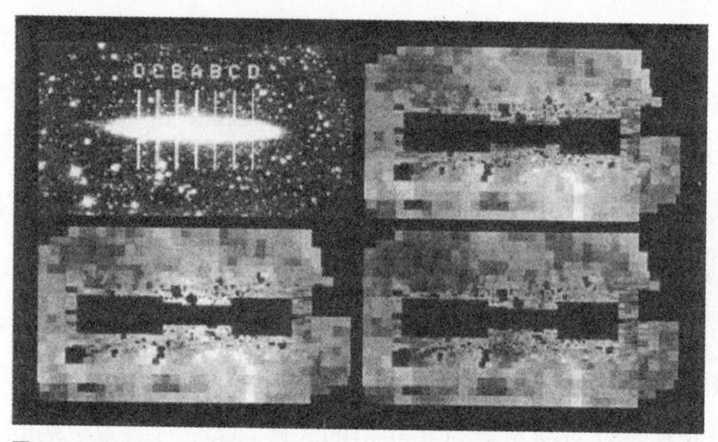

图 82　NGC5907。左上图是光学影像，左下图是扣除薄盘亮度的剩余影像，右上图是扣除薄盘和暗物质晕（dr3.5）的剩余影像，右下图是扣除薄盘和指数函数的暗物质晕的剩余影像。

NGC5907 是一个侧向的螺旋星系，萨基特能在电脑上将星系盘面较亮的区域挖掉（面积约 46kpc×4.3kpc），原先较暗的星光全都显露出来，结果发现这些残余星光的分布是符合幕指数（power law），仔细的拟合显示与距离的 2.26 次方成反比（图 83）。我们都知道星系除了核球和星系盘，在盘面上下还有球形分布的球状星团，球状星团是一种圆球状分布的星团，分布状况是与距离的 3.5 次方成反比，NGC5907 至今还没找到球状星团，并且萨基特找的残余星光与球状星团的特征不符，反而是暗物质晕的理论比较符合。萨基特发现

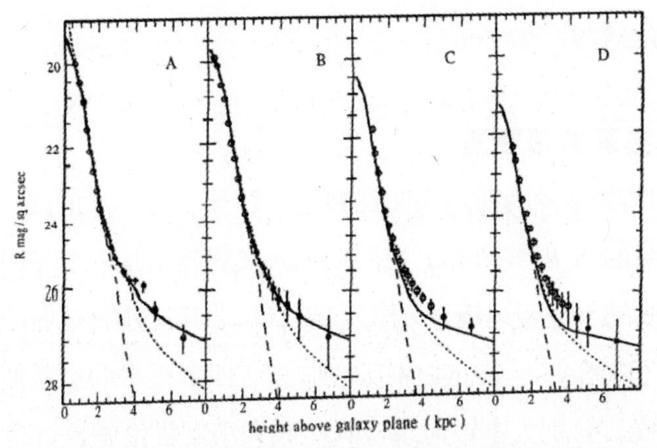

图 83 NGC5907 的光度分布图。横坐标是垂直星系盘面的高度，纵坐标是单位面积的星等数，圆点是观测值，线条是理论模型，ABCD 四图是不同银心距(如图八)的光度分布图，实线虚线和点线代表不同的模型。

的暗物质晕呈近乎扁圆球状分布，它的长轴和短轴的比约 0.5，中心核的半径约 2kpc。假如用这些参数来和 NGC5907 的公转图拟合，恒星盘的质量光度比约为 2，暗物质晕的质量光度比为 450，这表示暗物质晕比较暗、质量却比较多。前不久大卫（B. David）和哈雷（A. T. Harley）观测了近红外 H 波段（1.68mm）的 NGC5907，该波段可以深入到 10kpc 的核心，取得该区域的公转速度，以前受限于尘埃带（dust lane）的阻隔，无法仔细观测和分析公转速度。从他们的资料分析认为暗物质晕是不可或缺的，模型拟合观测的公转速度发现中心核的半径约 5.9kpc，中心质量密度约 150×10^{-26}g/cm^3。亮度分布图和公转图的分析显示暗物质的质量是其他发光物质的二倍，但是在离星系中心 12.5kpc 内主要质量还是属于会发光的天体。从 K 波段求得质量光度比约是太阳的 24 倍，他们认为 NGC5907 暗物质晕的 70%来自低质量的矮星。

椭圆星系的暗物质

1978 年爱因斯坦天文观测站发射升空后，才正式开始河外星系的 X 射线研究。爱因斯坦天文观测站是一个专门接受 X 射线的太空望远镜，又称为 HEAO-2，其他还有著名的伦琴卫星（ROSAT）。在这之前天空中只有四个正常的星系侦测到 X 射线，分别为本银河系、M31 和大小麦哲伦星云，利用 HEAO-2 已经有超过一百个星系的观测报告出现在期刊论文中。

在这些观测中发现任何形态的星系都或多或少有 X 射线发射区，能量范围在 10^{38}erg/s 到 10^{42}erg/s 之间，虽然只占总能量的一小部分，但是在研究星系的领域中，X 射线的结果是不可忽略的。在早期星系当中很难找到冷的星际介质，照理说星系从一团云气聚集而成，虽然有许多气体会形成发光的恒星，但总会留下一些残余物质，所以天文学家只好提出一些理论模型，想要解释在它们演化过程中如何将气体去除，一般情况下，一个 10^{10} ~ $10^{11}L_{sun}$的星系需要去除 10^{9} ~ $10^{10}M_{sun}$。假如原先的残余物质不是冷气体，而是会发 X 射线的热气体，那问题就可以迎刃而解。其实天文学家很早就知道在处女星团（Virgo cluster）和 M87 有热气体晕，椭圆星系的热气体晕则是第一次被 HEAO-2 看到。

X 射线来自于椭圆星系的热气体晕，我们可以从 X 射线观测资料得到热气体晕的一些特性，如温度和密度的分布，

假如整个系统处在平衡状态，椭圆星系的质量就可以求出，

$$M(<r)=-\frac{rk_B T_{gas}(r)}{G\mu m_p}\left(\frac{dln(p_{gas})}{dln(r)}+\frac{dln(T_{gas})}{dln(r)}\right)$$

T_{gas}是在距中心 r 的气体温度，ρ_{gas}是气体密度。由于质量是经由椭圆星系的重力场算出来的，假如有暗物质，就应该也包含在里头。从上式中得到椭圆星系的质量必须要有气体温度、密度和温度的变化，很可惜椭圆星系的温度很难仔细的量出，造成质量有很大的误差，因此有些人认为椭圆星系有暗物质，有些人认为不须要暗物质也可以。怀特（M. S. White）改进了质量的方程，将温度的参数转换成重力位能和温度的比值，把这比值当成拟合参数，再加上解析度更高 ROSAT 的 X 射线资料、恒星的质量分布函数、气体的质量分布函数和暗物质的质量分布函数，布提（D. A. Buote）可以得到椭圆星系的暗物质形状，以 NGC720 为例，它的光学影像显示 NGC720 的椭圆度（ellipticity）约 0.4，主轴约 12kpc，但是 X 射线影像却显示热气体晕的椭圆度约 0.2 ~ 0.3，主轴约 12kpc，二个主轴的夹角约 30°±15°，布提发现整个质量（恒星和暗物质）的椭圆度大约 0.5 ~ 0.7，密度与距离平方成反比，这和暗物质理论的分布函数相同，并且暗物质总质量是其他的四倍以上。

纵观以上的介绍，星系周遭有暗物质晕是毋庸置疑的，扁平的暗物质晕也得到许多观测资料的证实，萨基特认为极环星系 NGC4650A 的扁平程度约 E6 到 E7，AM2020-504 约

为 E4，萨基特观测侧向星系 NGC 5907 为 E4.7，布提看椭圆星系 NGC720 约为 E6。其他类型的星系也有暗物质存在，如 S0 星系、矮星系（dwarf galaxies）、不规则星系和双星系系统，S0 星系长得有点像个凸透镜，在中间有条尘埃带（dust lane），尘埃带受到进动影响而有变形现象，进动则和整个系统的质量有关，从尘埃带的外观可以得知总质量的分布，以 NGC4753 为例，它的总质量分布约为 E0.1 到 E1.6 之间。另外从螺旋星系内气体层厚度分布也可以估计暗物质晕的扁平度，NGC4244 约为 E8。

看来大麦王的新衣服是经过设计的，并不是圆滚滚的，稍微有点腰身，无论如何，对我们这些平民老百姓来看，大麦王的新衣服只是件透明装！

盘子、棒子、盒子与花生米

□曾耀寰

盘子上有根会旋转的棒子，棒子敲盒子，盒子装花生米，这可不是小朋友玩的乐高积木，这可是上帝大老爷把玩的大玩具。

星系的形成

星系是由数千亿颗恒星所组成的，这些恒星是如何聚集成星系，恒星又是如何形成？恒星的成分有哪些？遥望星空，充满了无穷的未知，即使爱因斯坦在世也只能远观，不能亵玩。虽然天文学有先天上研究的困难，天文学家的研究除了标定出恒星在天空中的位置，还是可以从星光的光谱内解读出恒星的组成成分和一些物理特性（如温度），数十年的努力让天文学家逐渐解开恒星演化之谜，幸运的是有一颗典型的恒星就处在我们的四周，可以清楚看到它表面的活动，非常准确地量出它的吸收和发射谱线，甚至它的磁场强度，那就是我们的太阳。一些星球结构和演化的理论都可以在太阳上验证。对于恒星的群体社会——星系，我们所知更少，它的形成原因、演化过程、各种不同长相之间的关系，甚至星系的各个组成分子都不清楚。天文学家大致上承认盘形星系是从一团大云气开始收缩形成，由于角动量守恒的特性，云气是以非球心对称的方式向内收缩，垂直总角动量方

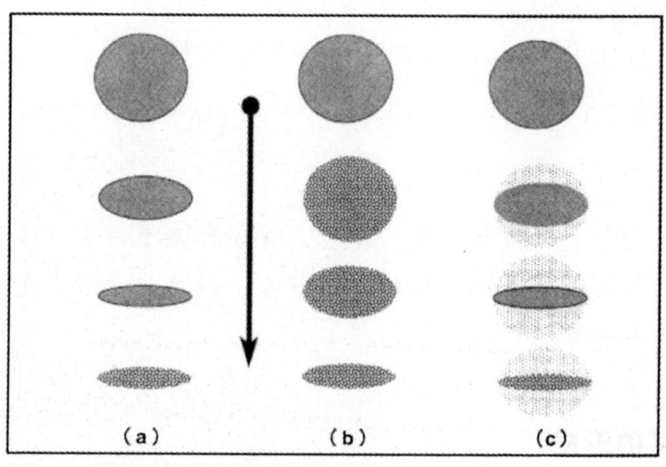

图 84　云气团形成星系的模型

(a)一团云气先收缩成盘状结构，再形成恒星。

(b)云气先形成恒星，再收缩成盘状结构。

(c)云气一边收缩，一边形成恒星。

向不容易收缩，大部分的气体沿着角动量方向收缩，形成现今看到的盘形结构（见图 84），但是云气是先产生一颗颗恒星后，再收缩成盘子，还是云气先收缩成盘状云气，再形成

一颗颗恒星，这两种说法还未分出胜负。假如先形成盘状云气，那分布在四周的球状星团为什么不是落在盘面上，难道有特殊的机制让球状星团从盘面上弹跳出来。假如是先产生恒星，然后再收缩出盘状结构，那么每个恒星的年龄应该相仿，为什么盘面上的恒星比球状星团的恒星年轻？除了这两种对立的星系形成理论，云气也有可能是像山羊拉屎般产生星球，气体在收缩到盘面的过程中，沿路产生星球，最后云气在稳定的盘面结构内继续孕育恒星。云气的不同状态会造成有些星球先产生，有些比较晚形成，云气收缩的速度也会影响球状星团的空间分布，在这复杂的系统下，许许多多的问题都值得研究。

图85　两种不同长相的星系。(a)螺旋星系M101。(左图)(b)椭圆星系 M32。(上图)

星系形成的原因并没有想象的那么简单，并且在考虑星系之间不同的长相时，问题又是一箩筐。当时的哈勃就将所有的星系分成三类，第一类就是长得扁扁的，并且有弯弯旋臂的螺旋星系（spiral galaxy，见图 85a），第二类则是看起像橄榄的椭圆星系（elliptical galaxy，见图 85b），第三类是什么都不像的不规则星系（Irregular galaxy）。

星系的分类

螺旋星系还可以分成棒旋星系（barred galaxy）和标准螺旋星系（normal spiral galaxy）。棒旋星系中心都有一个棒子结构，在棒子两端是旋臂结构（如图 86），由旋臂缠绕松紧程度可细分 Sa、Sb、Sc（S 代表螺旋 spiral），或 SBa、SBb、SBc（B 代表棒子 bar），Sa 旋臂绕得比 Sc 还要紧。这

图 86　棒旋星系 NGC1365

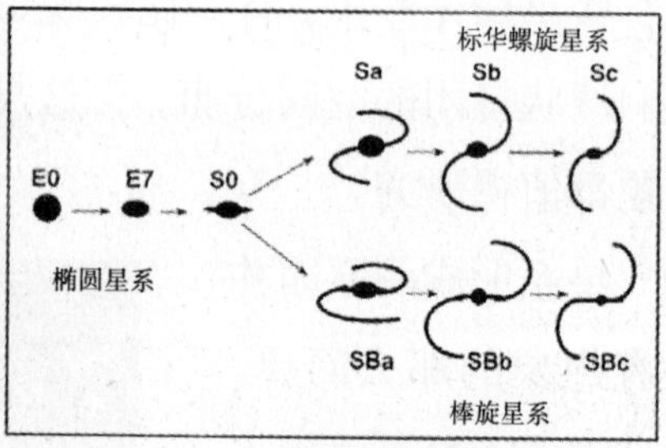

标华螺旋星系
Sa　Sb　Sc
E0　E7　S0
椭圆星系
SBa　SBb　SBc
棒旋星系

图 87　星系外型的分类

套分类的方式是由哈勃所提出的（如图 87），Sa、Sb 和 Sc 的判别方式除了旋臂外，还有星系中心核球（bulge）的大小和分辨出恒星的程度。一般而言，Sa 的螺旋角（pitch angle）小、中心核球较大，不太容易分辨出一颗颗的恒星，Sc 则相反。不过这三个条件也有些模糊重叠的地方，天文学家很难说得准螺旋角到底要多少才算是 Sa，有时得全凭经验。

这三类星系之间有什么关系，是什么样的初始条件造成圆球状云气会收缩成不同长相的星系，或者是原始云气就有

不同的长相，还是在形成过程中，受到不同程度的干扰而有不同的结果，天文学家大多还是假设星云长得像圆球状。星系不同长相的原因还不十分清楚，有一派理论认为椭圆星系是经过星系碰撞后的产物。在星系团的中心，星系分布的密度很大，星系碰撞的机会很大，应该很容易产生椭圆星系，观测上也证实星系团中心的椭圆星系的确比较多。在电脑模拟当中，我们可以在屏幕上看到四个星系经过擦撞后，的确会产生椭圆星系（见图 88），但是天文学家认为还有一部分的椭圆星系是无法被星系碰撞理论所解释的。

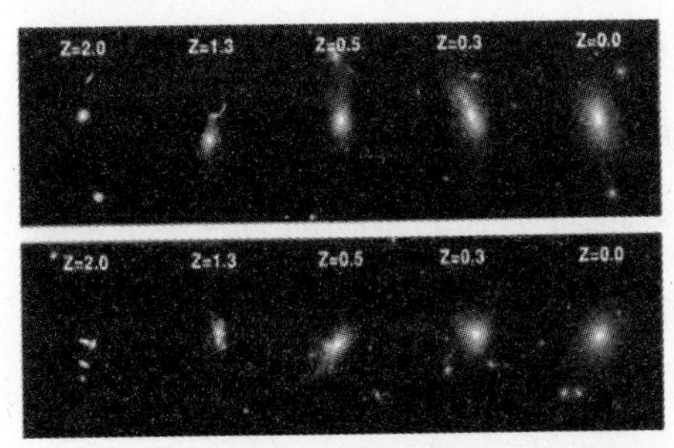

图 88　星系碰撞的电脑模拟，在 30 亿年内，四个星系碰在一起，形成一个较大的椭圆星系，z=0 代表现在，z=2.0 大约离现在 30 亿年。

在星系成分上的研究，除了有数不清的恒星，还有一些的气体和星尘，虽然气体的总质量比恒星总质量少，但是气体在星系内的功能是不可忽略的，气体之间很容易产生热，释放出各种不同波长的辐射，恒星和气体之间的重力作用，也可以让恒星改变整体的动力行为。除了一般的物质外，星系大部分质量是来自看不到的暗物质，暗物质在星系的尺度下有肯定的存在证据，螺旋星系的平坦公转图（flat rotation curve）说明了一些不发光物质围绕在星系的四周，几个研究小组尝试用重力微透镜（gravitational microlensing）效应来捕捉本银河系四周的暗物质，初步想要知道单一的暗物质质量有多少。从暗物质的质量间接推测暗物质到底是何种天体，结果观测发现暗物质的质量大约是 0.4 个太阳质量，这个结果有点令天文学家失望。天文学家心目中的理想暗物质是棕矮星（brown dwarf），棕矮星质量约 0.1 个太阳质量，并且它够暗，符合暗物质的特性。在理论的星系初始质量分布（initial mass function）中，棕矮星数目也够多。0.4 个太阳质量的天体可能是白矮星、中子星和黑洞，假如占星系质量九成的暗物质是恒星演化末期的产品，这类过量的暗物质对星系演化的过程有不利的影响，它暗示了在星系初期有很剧烈的恒星产生率，在星系初期必须产生很多恒星，然后就几乎停止产生恒星，这些初期产生的恒星演化到后期，变成看不到的暗物质，但是很多螺旋星系看起来还有很强的恒星产生率，星系内还有许多恒星生成的原料——分子云，和之前的推测不太符合。

旋臂的形成

螺旋星系最迷人的地方就是旋臂结构，旋臂结构也可以在台风的卫星云图中看到（见图 89）。台风是一个低气压的气旋，该地区的空气以顺时针或逆时针的方式旋入台风眼，星

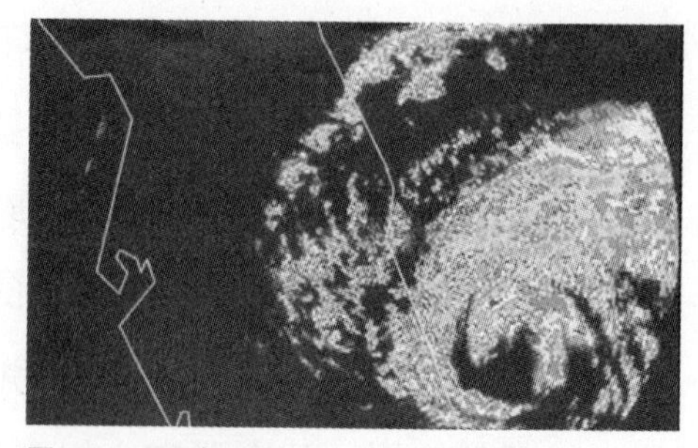

图 89　1995 年 8 月 2 日 Erin 台风雷达图

系的旋臂乍看之下有些像台风，但是物理特性则全然不同，在星系盘面上的恒星是以较差自转（differential rotation）的模式绕星系中心旋转，所谓较差自转指的是离中心不同距离的恒星有不同的角速度，假如我们从地球向四周望去，靠近星系中心的恒星转得较快，比太阳还远的恒星转得较慢。假设刚开始的旋臂呈径向分布（见图 90），星系只要经过两次自转，整个旋臂就会缠绕在一起，一般星系自转一周约数亿年，小于星系的寿命，现在我们看到的旋臂应该缠绕了好几圈，但是我们看到的旋臂并没有这现象，并且它看起来好像维持了很久，这就是有名的旋紧矛盾（winding dilemma）。

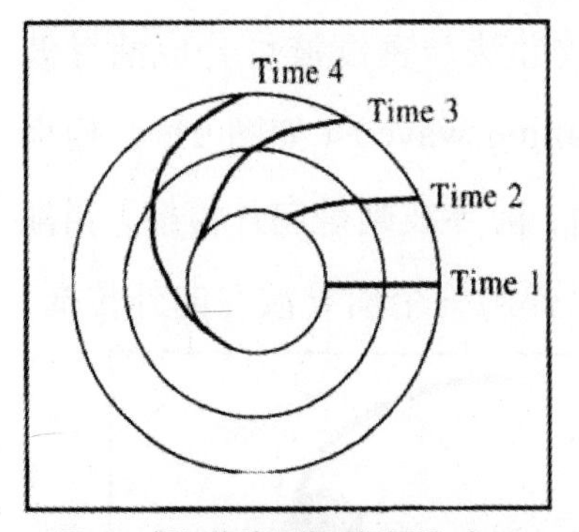

图 90　假如旋臂是像一根棍子，在 Time 1 的时候是笔直的分布，当星系盘公转，靠近中心的旋臂转得快，外围的旋臂转得慢，到了 Time 4 的时候，旋臂已经越缠越紧。

早在 1963 年林伯德就提出近似稳定旋臂结构理论（Quasi-Stationary Spiral Structure），直到 1964 年，麻省理工学院的林家翘和徐暇生院士提出的密度波（density wave）理论才对旋臂有定量的理论解释。简单地说，我们看到的旋臂是一个存在于盘面上的驻波（standing wave），这个驻波属于一种密度波，波峰代表质量密度较高、重力位井较深的区域，重力位井较深的区域可以吸引盘面上的云气和恒星，当云气聚集在一起时，经过自身的重力收缩，就会产生新的恒星，刚形成的恒星会发出强烈的蓝白光，也就是我们看到的旋臂。我们都知道波只是一种物理量做周期性的变化，当我开口说话时，声波从我的口中开始向外传播，但是我嘴内的空气分子并不会跑到各位的耳中（除非我是个口沫横飞的演讲者）。同样的道理，一个水波在池塘水面上传播，池塘表面的水分子在水波经过的时候只会上下振动，并不会跟着水波跑掉。这是密度波的基本原理，如此一来，星系的旋臂就可以维持很久而不散。

但是密度波并没有说明在星系盘面上如何被激发出来，现今认为图姆尔（Toomre）的摇摆放大理论（Swing amplification）是激发密度波的有效办法。密度波可分成前导波（leading wave）和拖曳波（trailing wave）（如图 91），拖曳波在星系中心区域是向内传播，前导波则是向外传播，当拖曳波打到星系中心核球，会反弹出一个前导波并向外传播，

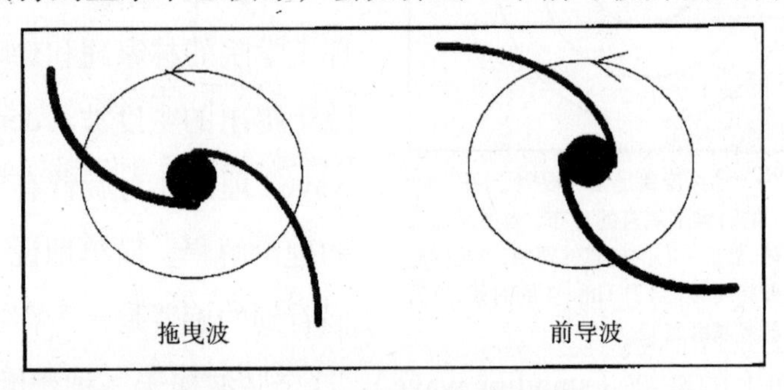

图 91　拖曳波和前导波的示意图，箭头代表盘面旋转的方向。

当前导波传到共转区（corotation region），奇妙的事情发生了。共转区是密度波和恒星自转速度相同的地方，当二者速

度差不多的时候，物质和波动会产生交互作用——共振，就像荡秋千，站在地面上的人费力地推着秋千，假如他不规则地胡乱推秋千一把，这个秋千铁定荡不高。假如是照着某种特定规率推秋千，这个秋千就会越荡越高，这个规率就是秋千来回晃荡的频率，秋千可以充分获得外力。同样地在星系的共转区，恒星会将本身的动能传给密度波，当前导波进入共转区时，它会逐渐转变成拖曳波，并且增加振幅，产生的拖曳波又继续向中心传，形成一个自恰（self-consistent）系统，这个现象可以从电脑模拟上清楚地看到。

棒旋臂的形成

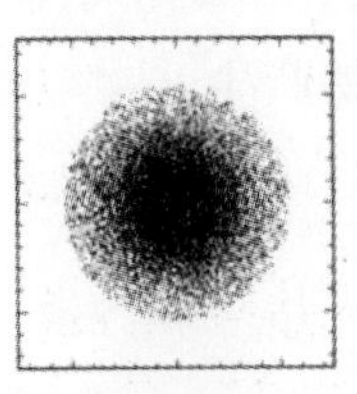
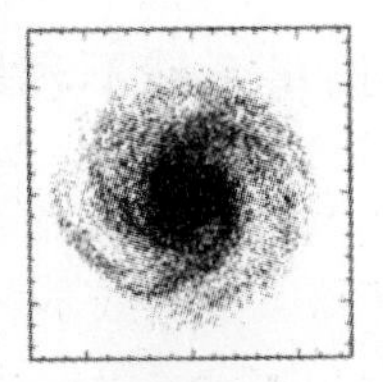
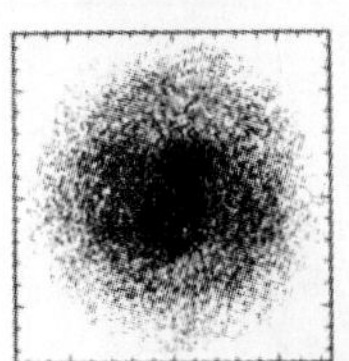
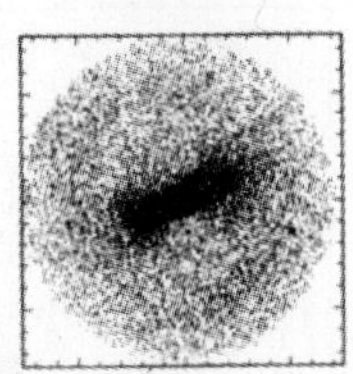

图 92　棒旋星系的二维电脑模拟，总质点数为八万颗，刚开始有轴对称的盘面，先产生拖曳波，然后产生棒状结构。

棒旋星系的棒子结构也可以用摇摆理论产生，在电脑模拟上，我们可以看到棒旋星系真的产生，一个历时数亿年的自然现象，在小小的十七寸屏幕上，只要短短的数秒钟就可以播映完毕（见图 92），即使包含超级电脑计算的过程，天文学家也可以在数个小时内产生壮丽的棒旋星系，真是令人感到惊讶。天文学家可真感到惊讶和震惊，理论和数值模拟都成功解释棒旋星系的形成，但是观测到盘状星系中只有 1/3 的星系有很强的棒子，另外三分之一有很弱的棒子，剩下的根本看不到棒子。太成功的理论也会困扰天文学家，不过理论学家马上提出新构想，1973 年，欧斯垂克（Ostriker）和皮布尔斯（Peebles）认为围绕在星系四周的星系晕可以抑制棒子的产生，假如没有星系量的情形，一个星系盘会有不稳定现象，稍微一点干扰，就会产生棒状结构，盘面上恒星的离散速度一直增加，当公转动能和重力位能的比值降到 0.14 左右，盘面才趋于稳定，棒状结构停止产生，也就是说重力位能有抑制棒状结构的生成，假如一开始在整个星系内增加重力位能，棒状结构应该不会产生，欧斯垂克和皮布尔斯发现只要星系晕和星系盘的质量比在 1 到 2.5 之间，初始的动能和位能比就可以达到 0.14，棒旋星系就不容易产生。

核球的形成

盘状星系中心大都有一个圆球状的核心，称作核球（bulge），核球的形成也是个有趣的问题，核球内的恒星有年纪大的和年纪小的，有些核球外形长得像长方形盒子，有些则像颗花生米，核球中心的恒星密度较大，并且有大量的星尘，挡

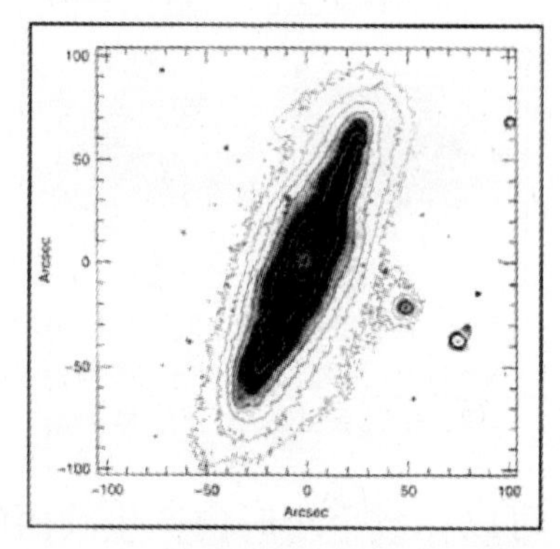

图 93　NGC7582 的核球结构，灰阶图表示近红外线的观测，封闭曲线表示连续谱强度的等位图，从中心的等位线可以看到长方形的核球结构。

到中心的星光，阻碍天文学家的研究，不过红外光可以穿透星尘，主要原因和光的绕射有关，红光的波长较长，颗粒小的星尘对红光起不了作用，就像大轮胎滚过路面上的小坑洞，一点也不受影响。近来有一组研究小组在观测NGC7582，竟然发现核球中心的长方形盒子内装了颗花生米结构（见图93），核球形成的原因也是研究星系动力的主要课题之一。

图姆尔曾经提出一个简单的理论，他假设在一无限大的均匀盘子，假如恒星垂直盘面的离散速度，也就是恒星到处乱跑的速度，小于0.3倍盘面方向的离散速度，这时盘面上运动的恒星变得不稳定，很容易就会跳离盘面，并且永不回头。这是因为恒星离开盘面时，将它拉回盘面的重力不够大，致使恒星在上下来回盘面振荡时，会逐渐离盘面越来越远。整个系统可以想象成弹簧一样，盘面的重力就像弹簧的回复力，假如回复力够大，恒星会被拉回盘面，当恒星冲过盘面中心，又会受重力拉回来，就像在盘面上下作简谐运动，假如回复力太大，恒星会冲过头，整个跳离盘面，造成盘面越变越厚，这是一种动力学不稳定的现象。当时图姆尔估算在太阳附近的回复力足够大，盘面不会变厚。后来一些研究发现图姆尔算的不稳

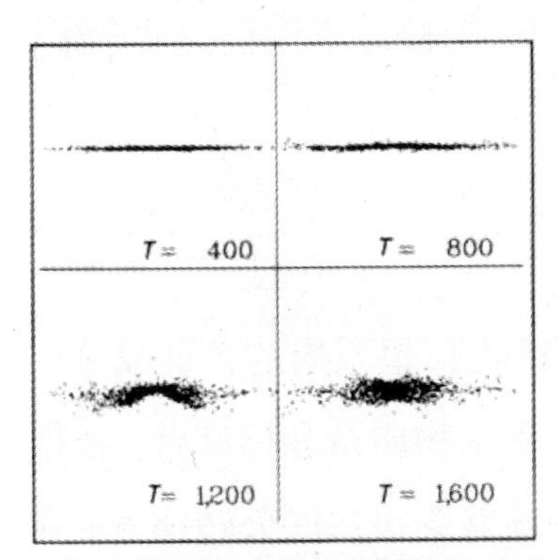

图94　星系盘的电脑模拟侧面图，总质点数为十五万颗，可以看到原先非常薄的盘面，经过一段时间后，中间区域有弯曲的现象，最后在中心产生核球。

定条件太过严苛，许多电脑模拟显示只要在适当环境下，盘面也会开始弯曲，然后上下振荡，最后在中心部分弯成核球的模样（见图 94）。图姆尔认为只要星系的离散速度在方向上有不对称特性，也就是垂直盘面的离散速度和平行盘面的不同，另一组人发现棒旋臂可以造成类似的不对称，在棒旋臂内的恒星轨道呈长椭圆形，这种轨道就是一种不对称性。这种产生核球的动力学不稳定性,在日常生活中也可以看到，消防人员灭火用的水管以很高速的水柱冲向火源，仔细观察会发现，即使喷嘴不晃动，水柱在离开喷嘴后还是会左右上下地摇摆，大部分的水是直线运动，可是笔直的水柱却无法维持，流体力学上称作水龙头不稳定（fire-hose instability）。

另一派理论认为是垂直盘面和平行盘面的频率产生共振，致使盘面上恒星跳离盘面形成核球，在花生米粒两端较突的区域就是共振区。不过这个理论预估产生核球的时间比水龙头理论长，NGC7582 的观测认为核球应该很快就产生，比较符合水龙头理论。

观测、理论和模拟

除了有关动力学方面的形成问题，星系内的各种成分也有相互影响的特殊现象，例如星系暗物质量和棒旋臂。根据电脑模拟的经验，星系产生的棒旋臂会很快的公转速度，在理论上的研究无法确定是否有快速旋转的棒旋臂，可是观测发现并非所有的棒旋臂都转的很快。温伯格（Weinberg）在

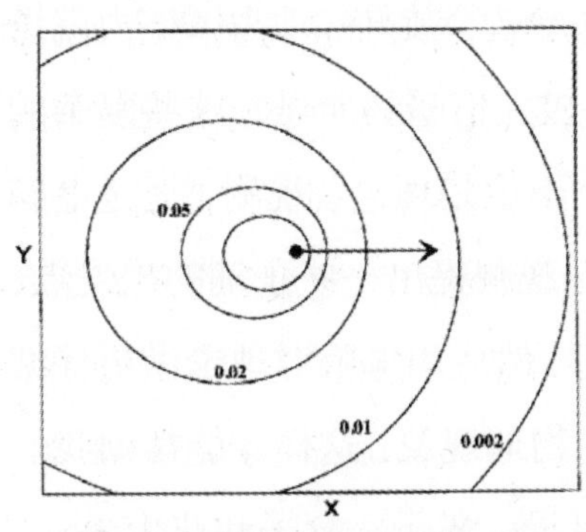

图 95　当一个较重的大物枉穿过均匀分布的小物体群，小物体群的分布受到搅动而有密度分布上的改变，大物体后方有较大的万有引力，将大物体向后拉，就像摩擦力一样阻止大物体前进。

1985 年曾提出星系暗物质晕和棒旋臂之间有摩擦作用存在，当一大物体通过均匀分布的小物体群时，大物体在前进方向的后方会有余波荡漾（wake，见图 95）的现象，原先均匀分布的小物体群对大物体作用的净重力为零，当余波产生时，整个分布就受到扰乱，结果在大物体的后方有较多的重力拉着大物体，就像摩擦力一样，有阻力阻挡大物体运动，一般称作动力摩擦力（dynamical friction）。假如棒旋臂在暗物质晕内旋转，棒旋臂也会受到阻力，这个阻力会让棒旋臂越转越慢，暗物质量则会越转越快，直到二者的角速度相同为止，Debattista 和塞尔伍德（Sellwood）利用电脑模拟证实棒旋臂和暗物质晕的确有角动量传递的现象。

Debattista 发现暗物质量的分布状况和角动量传递有密切关系，假如是极大值暗物质晕，角动量才会从棒旋臂传到暗物质晕，因此支持极大值暗物质晕的理论。不过故事并没那么简单，光用角动量传递的说法不能解释一切疑问，它是可以解释旋转较慢的棒旋星系有极大值暗物质晕，对于其他转得较快的棒旋星系就无法适用，更不用说螺旋星系的暗物质晕。并且假如暗物质晕一开始就会旋转，动力摩擦力就没有想象的大，这时是否还需要极大值暗物质晕？这些复杂的问题还需要更进一步的研究，不论是理论、观测，还是电脑模拟，三方面都要相互配合，观测提出一些正确的出发点，理论提供电脑模拟的基本原理，然后用电脑对理论做更仔细的检验，并预测一些可观测的物理现象，这样才能帮助我们更清楚了解数百万光年外的盘子、棒子、盒子和花生米。

探索星球的诞生

□尚　贤

许多人在夜里仰望满天星斗且赞叹浩瀚宇宙的同时，心中总会浮现一些疑问：星星是如何形成的？星星和太阳是一样的吗？它们是和宇宙一起诞生的吗？由于太阳是太阳系的中心，而人类所居住的地球则是太阳系的一颗行星，使得天文学家对形成太阳系和类太阳系的问题特别感兴趣。

最早汉斯·贝特提出这样的观念：核融合反应是太阳及其他星球最重要能量来源。由太阳的例子可知，在其核心达摄氏1500万度的高温下，只有借由4H→He 的反应便可持续燃烧三十亿年。所以由太阳的例子来推断，必定大部分都是由氢气所组成。而氢气是宇宙最原始的物质态，原始星球也不例外，故其组成成分主要也是代表原始物质的氢气与氦气。

恒星发出的光是由星球内部核反应产生的热所提供的，光子带着热能从星球内部无规运动（random walk）到星球表面再发射出去。热平衡则决定了星球的大小与重力之间的平衡。由星球光度（luminosity）与温度间的关系：$L = 4\pi R^2\sigma T_c^4$，即可推断星球的温度。在星球的表层，如果释放的光度大于辐射可以稳定传播的量时，便会在表面形成对流区（convection zone），更有效的传递热能与光能。

太阳是离我们最近的一颗恒星，它的组成因此也成为星球的结构代表，而它的有关数字也成为天文的基本单位，所以天文学上都采太阳单位。也由于太阳是太阳系的中心，而人类所居住的地球则是太阳系的一颗行星，使得天文学家对形成太阳系和类太阳系的问题特别感兴趣。

赫罗图与前主序星的演化

太阳已是一颗中年恒星了，它的结构代表质量为一颗太阳质量（solar mass, $M_\odot$）的一颗主序星（main sequence star），在天文学家用来鉴定星球演化的赫罗图（Hertzsprung-Russell diagram，图 96）[①]上，它代表着由光度、温度所决定的一点

① 赫茨普龙－罗素图，又称赫罗图（H-R Diagram），是按照星球的绝对星等和光谱型（温度）所绘的恒星图。

（不同质量的星球会演化到不同的位置）。由于热与重力平衡的关系，成年星球在开始稳定燃烧氢气的同时，也在赫罗图上形成一个由左至右的带状分布，称为主星序（main sequence）。

原始星球也有相似的光度、温度关系：原始星球第一次在赫罗图出现的地方，叫做出生线（birthline）。星球结构理论告诉我们，只要出现在赫罗图上，但尚未开始燃烧氢气的星球，其位置一定在主序星之上，而主序星定义在“氢燃烧”上，因此所有前主序星于赫罗图上的位置都在出生线与主星序之间（见图 97）。

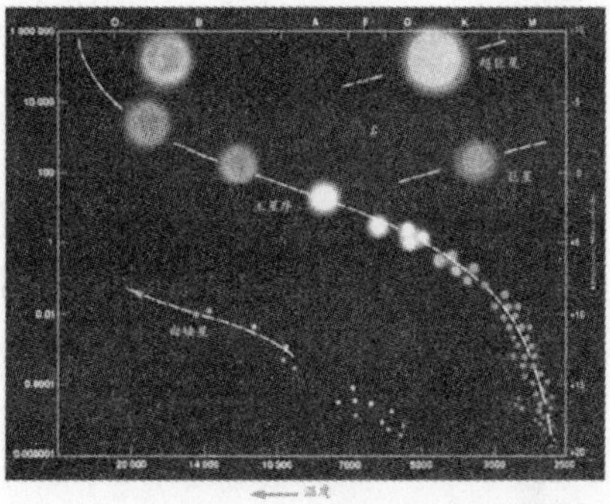

图 96　天文学家用来鉴定星球演化的赫罗图

出生线代表着原始星开始成为前主序星（pre-main-sequence star），重力收缩亦由此开始决定星球将如何演化到主序星，质量则是其中最重要的物理量。所谓的前主序星演化乃是从出生线后星球内的氘开

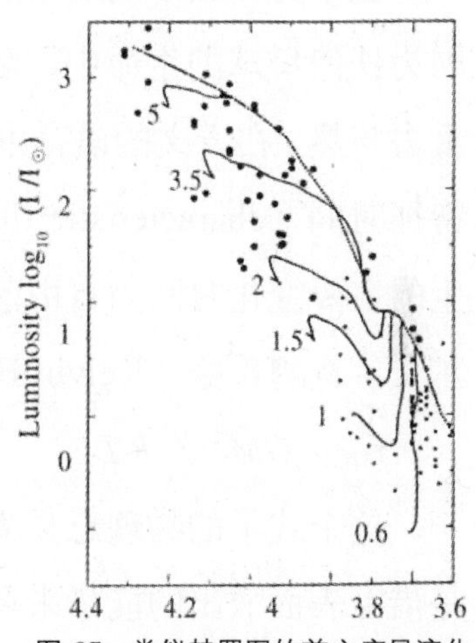

图 97　类似赫罗图的前主序星演化轨迹。图中的数字表示质量，例如 1.5 表示质量为 1.5 个太阳质量的前主序星演化的轨迹。

始成为燃料开始的。这时的星球已累积大部分的质量，半径亦达到最大值。这时，若星球内部为完全对流状态，它们便会沿着近乎垂直的方向往主星序处向下移动，这称为林轨迹（Hayashi track）。最低质量的星球（$< 0.8_{\odot}$）轨迹近乎垂直一直延续到主星序，而质量较高的星球则会在中心发展出像太阳中的辐射核（radiative core），它们的轨迹也因此转向近水平方向，成为亨耶辐射轨迹（Henney radiative track）。较高质量（2 ~ $3M_{\odot}$）的星球，其对流层的结构会完全消失，所以在赫罗图上的轨迹也不会有垂直的一段出现。更高质量（$> 8M_{\odot}$）的星球则完全不会有前主序星演化，当核融合反应开始在内部产生时，星星便直接在主星序上出现。

至于为什么不同质量的星球会有如此不同的演化，这是因为任何星球的生命中，随时都有两种不同的力量在抗衡：重力与热。在天文的语言中，这两种力的重要性是以它们的特征时间（characteristic timescale）来表达的——由重力产生的主要变化时间为自由落体时间，而热演化时间则是由卡尔文–亥姆霍兹（Kelvin-Helmholtz）时间来决定：

$$\tau_{KH} \sim GM_*^2 / R_*L_*$$

这个式子的物理意义为：若星球的收缩与流体静力平衡是借由表面散出的能量来调节时，热能产生变化的时间便可用来估计星球结构变化的时间。所以高质量的星球会有较短的热演化时间，而低质量星球的热演化时间比重力变化时间长。以赫罗图的关系来说，高质量的星球会直接在主星序上出现，低质量的星球则会在出生线及主星序之间停留数百万年才变成主序星。太阳质量属于低质量范围，所以类似太阳的星球除了本身的特性本就令“人”感兴趣外，其演化上的特点也比高质量星球容易得到观测资料。这数百万年的时间，可让天文学家到处找在不同演化阶段的似太阳星体，除了可以让人了解太阳形成的奥秘之外，另一方面也可让科学家测试星球演化理论的重要性与正确性。

由于星球自出生线到主星序之间的演化，是最早可以达到有相当研究基础的部分，因此，这方面的结论也较为天文学家所公认。而出生线之前的历史与演化，和出生线之后星球与其周围物质的关系，则是目前研究恒星形成的主要课题。

从观测上来说，星球通常是属于一个群聚的状态：它们或属于一个星团（cluster），或是一个星协（association），不然就是处在双星（binary）或多星（multiple stars）的系统状态。像太阳这样呈隔离状态（isolated mode）的星球其实算是少数。目前天文学上对多星族状态的了解还十分有限，但这也是许多研究恒星形成的天文学家正致力研究的课题。

经过二十多年的发展，虽然许多未定论的疑点与观测至今仍存有无法突破的障碍，但对于单一似太阳星球的形成，不管是理论上或观测上，都已经有可观的成就，其中尤以在金牛座（Taurus）分子云中单一形成的似太阳星球为主的认识为最先进。当然由这种最简单的系统所得的知识，在未来扩展到多星系统的研究时，也是非常有用的。事实上许多和星星本身物理性质相关的概念,应是可以直接应用及推广的。

分子云收缩

前面提过，由纯粹物理定义而言，一颗恒星的生命是由燃烧氘开始，但是对星际空间中的物质而言，一切则是从这些散在分子云中的气体如何形成由重力规范的系统开始。理论上最简单的第一个概念是：如何将分子云气聚集起来，凝聚成密度够高的稠密核（dense core），然后开始形成星体的第一步：重力塌陷（gravitational collapse）。

巨大分子云（Giant Molecular Clouds，简称 GMC）是银河系中最大的物体，它具有 100pc 大小及 $10^5M_{\odot}$的质量。而它们之所以被称为分子云，是因为其主要成分为氢分子（GMC 的平均密度是 200 ~ 300 分子 / c.c.），不过大多数的 GMC 是借由其他分子谱线而找到的，例如 CO、CS 或是 NH_3。

由于氢分子本身不带有偶极矩（dipole moment），所以在 GMC 的温度范围（10K）中，是无法观测到的。在 GMC 之中，又有呈不均匀分布的高密度区，叫做稠密核。它们具有不同的形体，有细丝状（filaments）、堆积状（clumps）或是核状（cores）。但以大尺度而言，GMC 呈碎形（fractal）的形态。高密度区的密度差距十分大，由 10^2 / c.c. 到 10^6 / c.c. 都有，平均大约是 0.5×10^4 / c.c. 的分子。这部分的分子由于密度较高，可将较高能差的谱线以碰撞激发，例如：CS

的转动角动量量子数 2→1 来观测。星球就是从这些高密度的核心，朝向更高、更陡密的密度分布变化。当中心的分子越来越密集时，整个系统便会进入重力的势力范围，然后经过重力塌陷的过程成为新的星体。

奇点同温球体与原始星

在分子云中，磁场是一个必要角色。在一般的天文理论中，带正电的离子不断地绕着磁场环绕，但由于正、负离子互相吸引，使得它们可以碰撞带起那些未带电的中性分子一起运动，反之亦然。当未带电的中性分子受重力拉近引力中心时，离子和它所环绕的磁场，也将顺着大部分的物质向重力中心走去。由于磁场本身具有抗压与抗扭力的特性，在被中性分子的拖引承受至一定的压力与弯曲之后，它将会反抗继续被分子与离子向重力场更深处带入。但重力的影响，使得中性分子只好与离子缓慢经由双极性扩散（ambipolar diffusion）拖着离子和磁场，使中心的密度持续地增加，因为重力场愈来愈强，当中心质量对磁场的比值超过了一个临界值，这整个分子云中心核将经过重力与磁场的大灾难（gravomagneto catastrophe），而在中心形成一个带有磁场且缓慢旋转的奇点等温球体（singular isothermal sphere）。在天文理论中，这个中央奇点的密度会趋近$\frac{a^2}{2\pi Gr^2}$，而原来高密度核中气体的等温声速（isothermal sound speed）的平方则决定这个奇点的大小。

之后，重力塌陷会持续进行，不过由于只有内部物质所产生的重力场会影响外面物质的运动，所以重力塌陷将会以一种自我相似（self-similar）的方式进行。这种方式所表达出来的是一个特征质量落入率（characteristic mass infall rate），而不是一个特征中央质量（characteristic central mass）。质量实际上当然不太可能有一个永远固定的质量落入率，但平均来说是大致趋近的。分子云这个阶段会产生一颗原始星和一个由离心力所支持的盘（disk），而原来高密度核的物质则仍像一个包裹在外面的物质落入包（mass infall envelop），继续提供稳定物质流让初生星球成长。而从后续的磁性重力塌陷的研究得知，在严格定义的重力塌陷作用发生前，高密度核会先形成扁状的假盘（pseudodisk）或各样的环面（toroids），然后才在中央开始更有效的重力塌陷作用。

年轻星体的诞生阶段

第零级星源

由于这时的初生星球只是一团收缩中的云气，除了重力位能外没有其他能量释出。所有光度来源只有由落到星球表面物质所放出的光子，称为吸积光度（accretion luminosity），主要的意义是指在重力塌陷的过程中，物质的重力位能会在物质到了终点后，以和质量落入率成正比的方式全部释出。对在这阶段的大部分初生星球而言，$M_* / R_* = 0.2M_0 / R_0$，观

测到的光度大约为 $4L_\odot$，表示它们的质量落入率可达 $M = 2.5\times10^{-6}M_\odot/yr$，也就是说，要制造一颗半个太阳质量的星球约需要二十万年的时间。和在金牛座中观测所发现到的形成中的原恒星（protostar）平均年龄相当，但由于这个阶段的初生星体还隐藏在极深的云气里，因此极难确认。

由于观测上无法直接测量星球表面的亮度及温度，天文学家必须用不同的方法才能得到足够的资料。例如，这些初生星球都有一个共同的特点，就是周围大多都还有着原生的气体与尘粒，至于数量则和演化度及环境有关。这种整体透出的光和以单一星球为主的表面辐射来比较，光谱的分布和单一黑体辐射有极大差异。如果周边物质够深、够浓密，可将光完全吸收，或是被尘粒重新处理过，变成向红外光处发射，更甚者可完全改变星体球状形体所发出的辐射场（radiation field），使辐射频率分布得比单一温度的黑体更宽，使得我们在决定原生及初生星球于赫罗图上的位置时更加困难。

幸好，一切还是有脉络可循的。由于主序星的周围已经没有任何气体存在，而初生星球的周围则有极大量的气体。因此这些原生及初生星球的演化阶段便可以由它们从代表周边物质分布的可见光到红外光谱，甚至次毫米（sub-mm）波段来区分。光谱能量分布（spectral energy distribution，简称 SED）便是鉴定这种隐藏在大量云气及微尘粒中星体最好的一种方式（图 98）。由于高量的气体和微尘会使光子向长波长位移，所以刚经过重力塌陷的星源会极度偏向长波长，其中心星体、原生盘和外面的物质落入包最强的发射会是在次毫米波段（以 Ophiuchi dark cloud 为例），甚至没有波长短于 300μm 的光讯号，且分布的频宽类似一个极冷（约 20 ~ 30K）的黑体。在分类上，它们极可能属于第零级星源。这类星源的数量很少，但或许是因为这个阶段的原生星球尚未发展出自己的光源，使得有效鉴定非常困难。不过，有些此类的星源由于观测上有很好的物质向内落入（infall）特征（如 B335、IRAS 1629），因此是测试重力塌陷及最早期星球演化理论最好之地。

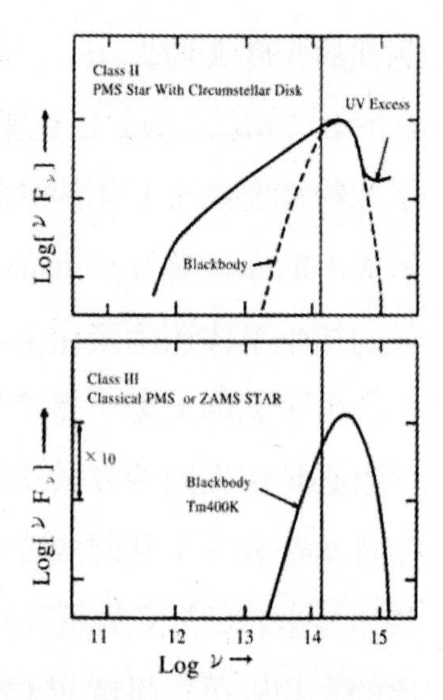

图 98　第一、二、三级星源的能量分布图。纵坐标和能量有关；横坐标的上标为光子的波长，下标为频率的对数值。

第一级星源

下一阶段的演化，则是从发生氘燃烧、星球产生内部热源开始的。这时，低质量原恒星自己可以发展出对流区（高质量星球无法产生够好的对流区）。如同太阳上的磁场，旋转中的原生星球外对流区可产生磁场，并让磁场浮出星球表面，因而产生一些可观察到的现象与前一阶段区分。对流和旋转会产生发电机效应（dynamo effect），在星球外围制造出磁层（mag netosphere），这个磁层会在发电机效应的持续作用下不断地变强。

前面说过，在经过一番后重力塌陷的演化后，初生星球便一直借由原生盘得到的连续物质流而继续增长（图 99）。但由于物质流带有高度的角动量，除非能除去多余的角动量，否则物质流很难累积至星球上。而在不断变强的磁层和原生盘的作用之下，便产生了一个由中性分子及离子组成，并且由磁离心力推动的磁离风（magnetocentrifugal wind），这将是推动巨大分子流（molecular outflow）的最大动力来源，同时也能带走多余（大部分）的角动量，使物质得以到达星球上。在磁离风初起之时，由于星球附近还有大量气体，必须冲破重重的物质关卡。再加上先前的磁场作用，使得周围物质呈扁状，故物质风会先冲破极端（polar axis）的屏障，成为双极流（bipolar outflow）。因此这个阶段中的原恒星附近大多有着巨大分子流，溯源而上通常可以判定原恒星正是这个现象的推手，且愈早的喷流其形状愈像喷射状（jet like）。目前的天文理论支持这种磁离风和巨大分子流可帮助清除原生星球附近的

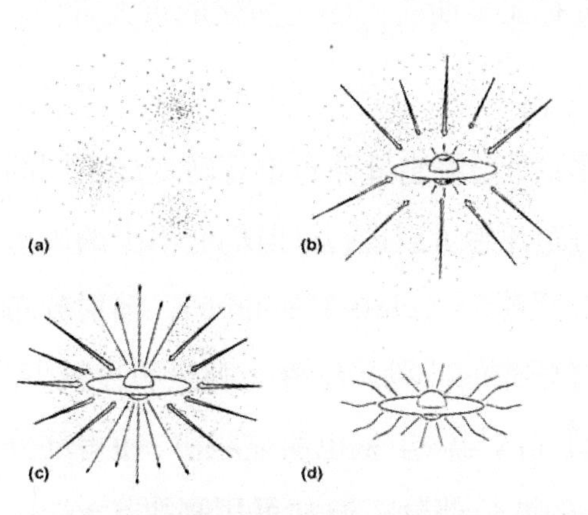

图 99　年轻星体的演化模型。演化顺序为(a)到(d)最后形成一个带有拱星盘的初生星球。

物质，使得包裹在外的气体分布厚度变薄，而一旦物质包的厚度减少，星球所发出来的光就比较容易通过，整个系统所发射出的光便会和原始源愈相近。

回到光谱能量分布（SED）的认定，此时的辐射分布图应告诉我们一个第一级星源（class I source）——相对于第零级星源，它的整个光谱会向以原生星球为准的黑体靠近，但是绝大部分的光仍在远红外光延伸至次毫米的范围，称为红外光超量（infrared excess）。一般认为这来自周围大量的微尘，而 10μm 的特征吸收线更证明这是硅酸盐（silicate）的能阶。理论上，这已经可以成功的以上一段中所描述的情景来做成模型了。不过这种第一级星源在统计意义上还是占“年轻星体”（young stellar objects）的少数，其大概的演化时间约数十万年。天文学家通常称具有此种特征的星体为原恒星，而由于它们的附近几乎都有巨大分子流，这也意味着，巨大分子流的确负有在早期前主序星演化的重大责任。

第二级星源

周边物质减少许多后，光谱能量分布也将转变成不同的特性。此时星球本身的光开始可以透过，但仍有不少的周边物质。分类上则为第二级星源（class II source），辐射分布明显位在可见光及近红外光的波段。红外光超量明显减少，表示周围物质落入包的气体与微尘量也明显减少，使得部分星球露出。比 2μm 长的波长部分，通常可用幂律（power-law）来拟合。理论上，这表示大部分这个波段的辐射是由拱星盘（circumstellar disk）所造成的，表示拱星盘的存在，也在天文物理中证明了角动量与星球形成的关系。若假设所有从红外到次毫米的光都来自拱星盘，则可导出拱星盘含有近百分之一到十分之一的太阳质量。由于这个阶段的演化时间在百万年左右，占前主序星演化时间的大部分，也由于第二类星源多是以可见光及红外光找到的，所以它们早有一个名字——经典金牛 T 型星（classical T-Tauri star，简称 CTTS），代表它们在观测上早就被发现的特性。经典金牛 T 型星是低质量与具有发射线的变星，有关它们的研究已经累积了三四十年。除了红外光超量之外，经典金牛 T 型星也有紫外光超量（UV excess），目前被认为是吸积的特征。在前述的理论观念上，这个阶段很可能是发生在磁离风和巨大分子流已经清除不少原恒星附近的物质之后。

第三级星源

最后，当前主序星周围的物质越来越少时，光谱能量分布也越来越趋近新星本身的黑体辐射，红外光超量与紫外光超量消失，这就称为第三级星源（class III sources）。

不过，它们的光也很容易被星际间的微尘所混淆，使得在高频的部分看起来偏红。同时它们也像少了一层外衣的经典金牛 T 型星，所以也叫显露金牛 T 型变量（naked T-Tauri star 简称 NTTS），表示周围也已经没有多少的气体与尘粒了。事实上，NTTS 才是真正的前主序星，可以放在赫罗图上与理论轨迹来比较。此时，它们的年龄多已超过五百万年。但它们也很容易和其他单星混淆，使得鉴定更为麻烦。从第二级到三级星源，它们的星拱盘很明显地变得更为稀薄，失去的气体与尘粒有被风吹走的，也有的是被形成中的行星物质吸收了，还有的是给了星球本身。这时，越来越多星球表面的现象可以观测得到，如 X 射线或是像太阳表面的磁场活动。而一切有关于物质与气体向星球滑流、磁离风和分子流的特征，则已经消失得无踪影。

说到这里，上面所提的观测及理论，可以用一个大略的图示来表示这四个不同概念上的阶段。目前天文学家已经大致同意低质量单一恒星演化的重要里程，但如何从每一步进行到下一步，还是有许多的疑点和未知的新发现。

之后，这一颗年轻新星将继续它的演化，走向主序星，而它周围拱星盘的遗骸也可能发展成新的行星系统。这是一个全新的领域，是全世界天文学家正兢兢业业所想要解答的问题——尤其在发现了太阳系外行星的存在之后，更成为最热门的主题之一。

当然，一个似太阳年轻时的星球的形成史，希望结果都是形成一个似太阳系的行星系统。这时，又有许多问题燃起：如何形成行星？为什么是九大行星？什么样的情况可以形成地球、生物、甚至人类？问题越来越多，而要寻得答案就得靠天文学家及未来一代的不断努力了。

行星系统的起源

□叶永烜

“我们是从哪里来，又会到哪里去？”这是一个人类有认知意识后，便都一直在思索的大问题。这也是为什么世界太空组织如美国国家航空航天局（National Aeronautics and Space Administration，简称 NASA），都把“宇宙的来源”、“太阳系的来源”和“生命的来源”作为科学目标的三大支柱。而由于过去数年来有关系外星行星（exoplanets）的发现，最后两个问题在今日更是引人入胜。会不会在这些绕着其他恒星运转的行星系统，也存在着生物圈？甚至是十里繁华竞逐的高等文明社会？由于这个缘故，在多年前便有天文学的家专注于用天文测量方法（astrometric method）来测量巴纳德之星（Barnard star）的自行（proper motion），以求证其有一行星的数据。但可惜这并未成功。当天文学工作者继续用望远镜，阿历克斯在可见光波段作系外星行星的搜索。倒是美国天文学家，在1991年捷足先登，他用位于波多黎各的阿雷西博（Arecibo）射电望远镜，发现旋转周期为6.2ms（毫秒）之脉冲星 PSR B1257+12，有三个质量在0.2 ~ 4.3倍地球质量的行星。之后又有另外二个脉冲星（PSR O329+54 和 PSR 1828-11）亦可能有行星的存在。但脉冲星的物理环境特殊，它们的行星系统和我们的太阳系可说是属于另外一个系统，所以不在此多谈。

研究太阳系来源的天文学工作者，向来努力的方向便是要解释类地行星（terrestrial planets），如水星、金星、地球和火星如何在距太阳1.5AU[①]之内形成，而以气体为主要成分的巨行星（giant planets），如木星、土星、天王星和海王星又为何在5AU 之外形成。一个普遍被接受的理论，便是认为当行星系统形成的时候，太阳星云（solar nebula）由于吸积作用而维持一定内热外冷温度的分布。在4 ~ 5左右的距离，温度低于150K，以致星云中的水分子可以凝固成冰。大量的物质（特别是氧）便因此可以用来制造行星。但在小

---

① AU 是天文单位，相当于14.9597870700米，大约是地球—太阳的平均距离。

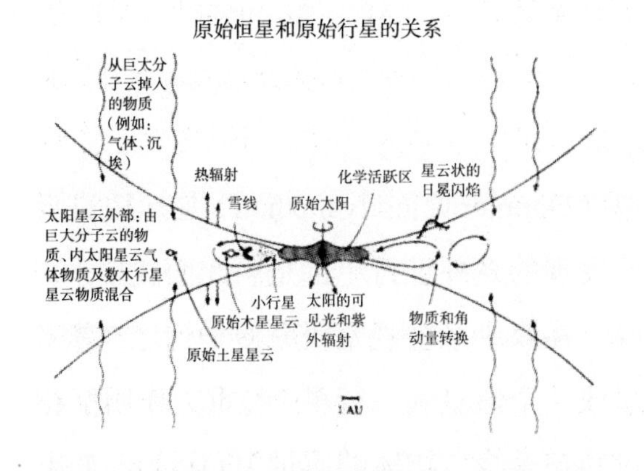

图 100　太阳系星云形成过程之示意图。在吸积作用进行当中，原太阳会有强烈的可见光和紫外线辐射。由于温度分布，内部温度高的区域只容石质金属凝固，所以有类地行星的生成。而在“雪线”之外，水分子可以凝固成冰，因之有气状的类木行星的生成。

于 3 ~ 4AU 距离区域，温度高于水分子可以凝冰的范围，结果是只有硅、铝、镁等分子可以结合成各样矿石成分的粒子，这也就是制造类地行星的基本材料。如图 100 所示，我们过去的预期是在银河和其他星系的行星系统，必然也是和自己的太阳系一样，大的气状行星的轨道半径是如木星一样，位置在几个天文单位之处。由于这个缘故，在瑞士日内瓦天文台的两位天文学家（M. Mayor 和 D. Queloz）在 1995 年公布：类似太阳的 G-型恒星 51Pegasi，拥有一个轨道半径只有 0.052AU 的大行星，便是一个令人难以置信的新发现。但从 1995 年到 2001 年，有不少其他的科学小组的踊跃加入已有逾超过 60 个系外星行星被发现。而其中有 50%的轨道半径都是小于水星的距日距离。这是一个全新的局面，对于研究太阳系起源的天文物理学家们，也是个千载难逢的机会。我们在以下便简述有关系外星行星观察结果和理论，以及这个领域的将来发展。

观察方法

多普勒速度方法

多普勒速度方法（Doppler velocity method）是运用最为成功的观察方法，所发现的系外星行星都是由此而找出来。基本原理相当的简单。在双星系统观察研究便早行之有素。一对质点（两个恒星或一个恒星和一行星）经重力作用互相运转。它们的开普勒轨道是绕二物体的质量中心运转。如果第二个物体的质量（M_p）够大（如木星的质量 M_J），恒星绕质量中心运行的多普勒速度（V_s）便会达到每秒几十米（m / s）。如图 101 所示，用高解析度的光谱仪测量恒星的光谱发射线的红移和蓝移的变化，便可以得到沿着视线（line of sight）的 Vs 和轨道倾角（sin$i$）的乘积（$V_{vis}= V_{vis}\sin i$）。再从此可以求出 $M_p\sin i$ 的值（这是因为中间恒星的质量，可以从它的光谱计算出来）。光谱多普勒速度效应的幅度，可以下列公式表示：

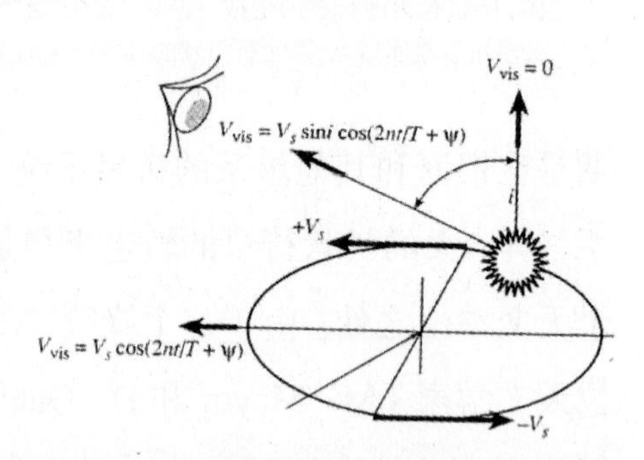

图 101　恒星和行星绕转同一质量中心，其多普勒轨道速度相对于观察者视线有周期变化，因此产生光谱的红移或蓝移的多普勒效应。如果恒星轨道垂直于视线（倾角 i = 0°），则全无多普勒效应。

$$K = \left(\frac{2\pi G}{P}\right)^{1/3} \frac{M_p \sin(i)}{(M_* + M_p)^{2/3}} \frac{1}{\sqrt{1-e^2}}$$

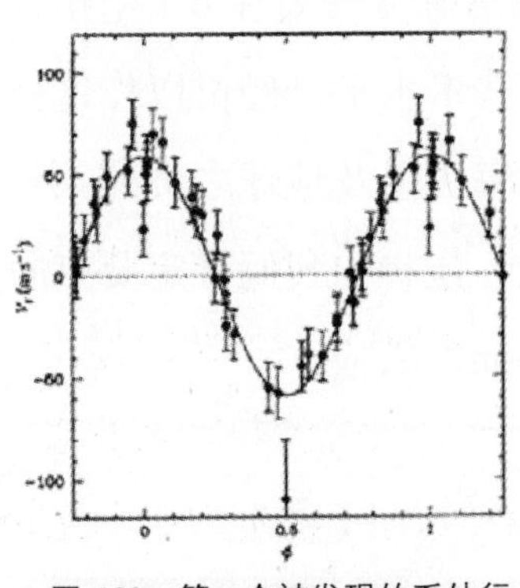

图 102 第一个被发现的系外行星 51Peg B 光谱多普勒效应。

G：重力常数，P：公转周期，M_*：恒星质量，e：离心率。

图 102 描示第一个发现的系外星行星 51Peg 的光谱时间变化。从此可见这个观察方法的光谱分析准确度需要高达 10m / s 左右。而这也说明了只有质量大（$M_p \sim 1\text{-}10M_J$）的系外星行星，方可产生足够大的光谱（多普勒轴向速度）变化幅度，以容观察。如地球大小的系外星行星只能够产生远小于 10m / s 的多普勒速度效应，所以至今未有发现。靠近中心恒星的系外星行星，因为周期短，可以在几个星期或几个月内，便累积可靠的观察资料，亦有利于观察。这说明了为什么多普勒速度变化之方法，着重于近恒星轨道而质量如木星的系外星行星的发现。观察资料的统计指出约有 2%太阳型的恒星有如此的行星伴侣。

天文测量学方法

恒星和系外星行星互相绕转的作用，除了产生可用光谱测量的多普勒速度变化外，恒星本身的自行亦可用天文测量学方法（astrometric method）（观察巴纳德’之星的研究，便是用这种方式来进行）。但所需要的精确度是相当的高，譬如说，如果是要在 10pc（秒差距）的距离，测量太阳因木星重力振动而产生的自行。测量的准确度便要在0.1毫角秒(milliarc second 或 mas)。现在的技术水平已经可以作这样的观察，但要发现质量为天王星、海王星及地球之类的系外星行星，则还是有所不及。要更上一层楼，我们必定要克服大气层湍流所带的闪烁（scintillation）效应。

行星凌日现象

根据理论计算，质量在0.5至2-3M_J之间的系外星行星，它们的半径也和木星半径(R_J)相当。这表示如果在地面上可以观察到它们的投影经过恒星的盘面，亦即所谓行星凌日（transit）现象，恒星的亮度便会降低约1%。如果恒星半径为R_*，系外星行星轨道半径为a，则行星凌日的几率$P = R_*/ a$。所以$P = 4.7\%$，如$a = 0.1AU$。如前所述，约有2%的太阳型恒星存有大型系外星行星，所以我们预料在一千个太阳型恒星中，其中一个有行星凌现象。现在发现的56个系外星行星，HD 209458已被证实有行星凌现象日（图103）。因为行星凌的时间间隔可以用来推导系外星行星轨道倾角(Sin$i$)，再从此求出M_p。

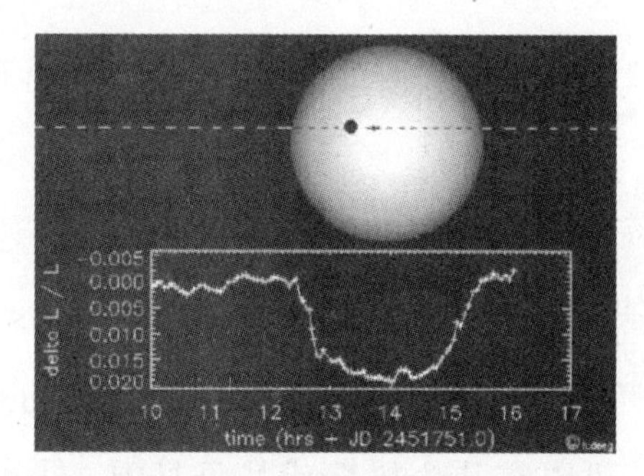

图103　G0型恒星HD 209458的行星凌日现象的图示，以及西班牙Granada天文物理研究所0.9m望远镜所拍到的亮度衰灭，如凹形的行星凌日现象的时间间隔为3.525日(www.iac.es/proyect/tep/transitanim.html)。

HD 209548 是属于 G0 光谱型，所以 $R = 1.1R_{\odot}$（太阳半径）及 $M_{*} = 1.1$（太阳质量）。从行星凌现象时的亮度减少，其系外星行星之半径 $R_P = 1.27R_J$ 及质量 $M_P = 0.63M_J$。所以平均密度为 $P = 0.39g / cm^3$。因此 HD 209548 是一个名副其实充满气体的类木行星。

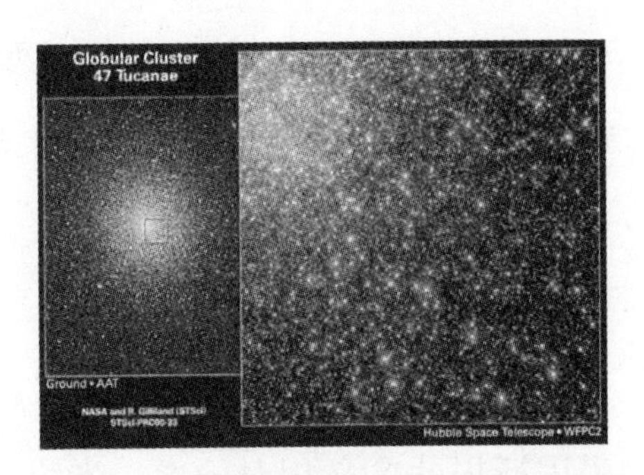

图 104　HST 所观察的球状星云 47 Tucanae 的星场。中含有三万个恒星，在整整 8.3 天的观察时间中，未有找到任何系外行星的凌日效应。

很明显的，如果我们能够针对一个星场，同时测量逾千上万的恒星之亮度变化，找寻行星凌日效应的迹象，原则上一定有机会发现系外星行星。这种乱枪打鸟的方法，便是用在哈勃太空望远镜。观察对象是位处在球状星团 47 Tucanae 中心附近的三万个恒星（图 104）。估计可以发现 18 ~ 20 个系外星行星。但观察结果是一个行星凌效应都没有找到。究竟原因尚未明，但一个可能的解释，便是在 47 Tucanae 的中心，恒星分布是非常拥挤的，大部分行星系统，因之可能受到重力扰动而与恒星分离。无论如何，这个不大不小的挫折，反而引起更多兴趣。除了地面的观察工作外，在 2004 年发射的法国太空望远镜（COROT）计划，便可以用来监视 25000 个恒星的亮度变化，并希望借此发现几十个系外星行星。欧洲太空组织亦在评估一个叫做爱丁顿的广角太空望远镜计划。目的在于利用行星凌效应来发现类地行星。因所需要测光准确度在 10^{-4} ~ 10^{-5}，所以非得在太空环境中观察方可。

重力微透镜方法

重力微透镜方法（microlen-sing observations）源自于爱因斯坦的广义相对论中，光线在经过质点时，可以受到其重力场的折射。这种重力透镜效应已很成功的应用在如 MACHO、OGLE 和 ERO，几个本意在找寻暗物质的观察计划。如果系外星行星的轨道半径碰巧在所属行星的爱因斯坦半径（约在 3 ~ 6 AU），则连地球般质量的行星也可以产生可以测量到的短暂亮度变化。

观察结果

至 2001 年发现质量最小的系外星行星为 HD 83443 的第二个行星。其质量为 $M_P = 0.16M_J$。也就是和土星的质量差不多。质量超于 $5M_J$的系外星行星则有几个（图 105）。从现在所知的系外星行星的质量分布，可见离中心恒星近的系外星行星的质量较小。这可能是观察选择条件所致。图 107 则是系外星行星离心率（e）与轨道半长轨的分布。一个有趣现象便是靠恒星近的系外星行星的 e 值，经常都是很小。一个可能的解释便是恒星的潮汐作用，可以把行星的轨道圆周化（circularization）。因为潮汐作用与距离 a^b成正比。所

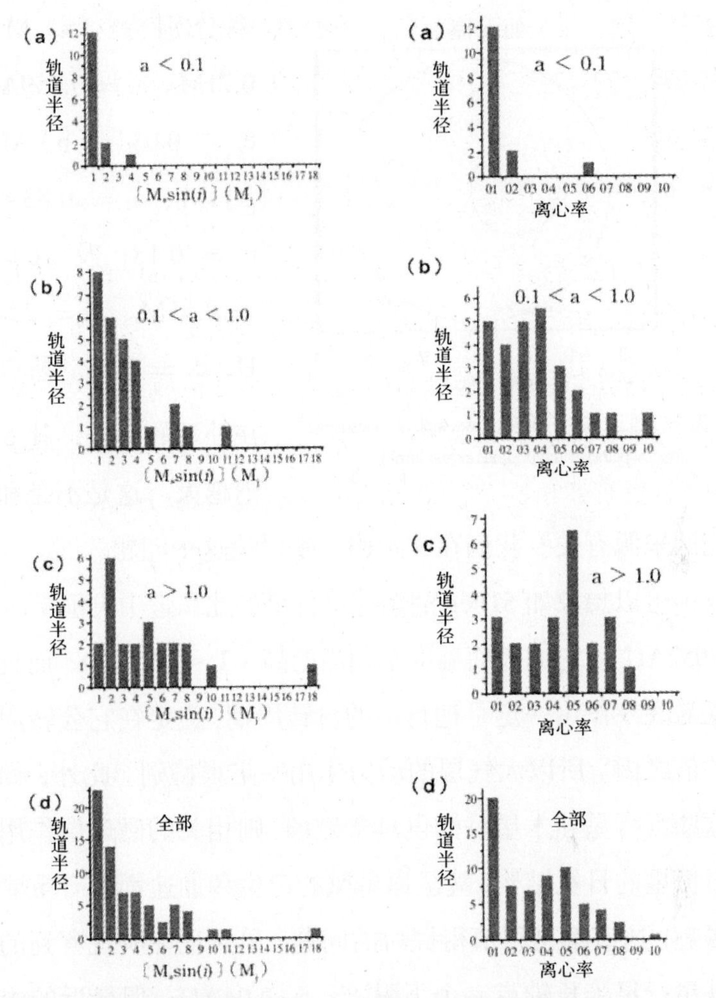

图 105　系外行星的质量分布　　图 106　系外行星的离心率(e)分布

以 a 越小的系外星行星则会越快受到圆周化。但这并未有解释，为何有些系外星行星的离心率可以非常的大（e > 0.3）。一个例子，便是仙女座（Upsilon Andromedae）的行星系统（图 105），它们总共含有三个行星，质量轨道半长轴和离心

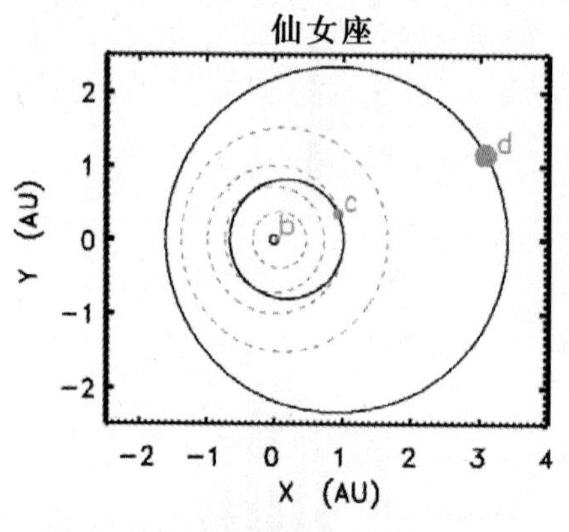

图 107　仙女座的行星系统(www.phys-ics.sfsu.edu/gmarcy/planetsearch/upsand/upsand.html)。

率分别为：(a) $M_1 = 0.71M_J$，$a_1 = 0.059AU$，$e_1 = 0.034$；(b) $M_2 = 2.11M_J$，$a_2 = 0.83AU$，$e_2 = 0.18$；及 (c) $M_3 = 4.61M_J$，$a_3 = 2.50AU$，$e_3 = 0.41$。所以越在外端的行星，其 e 值则越大。这是不是和它们的来源有关？我们在文中回头来讨论这个问题。

可以想象如 51Peg 的系外星行星如此靠近中央恒星($a = 0.052AU$)。它们表面温度是相当的高（$T_e \approx 1200\,K$）。而且恒星的潮汐作用一定是把行星的自转周期，锁定在它公转周期的值之内。所以大气层的动力作用一定很特别。此外，如果这些巨行星和木星一样也具备磁场，则相关的磁球层作用会对恒星的日冕结构，甚至恒星风的产生和加速都会有重要的影响，这些都是很值得探讨的问题。虽然现在所观察到的系外星行星半长轴有一个下限：$a > 0.04AU$，但最近的光谱观察指出，它们的中央恒星是在过去历史可能发生有“吸食”行星的事件。那么又是怎样的一回事呢？

根据美国天文学家的工作，对具有行星的恒星作光谱分析，以求其金属含量的丰度比例（Fe / Hratio）。他们发现这些恒星的金属含量平均都比太阳之值要高（Fe / H) =

+0.17（0.20）。所以这些测量指出此类恒星在形成过程之后很可能曾经吸积大量重金属物质。说不定有一两个系外星行星便是受到“蚕食”的受害者。而余留在恒星大气层的金属物质，便是这个“犯罪案件”的蛛丝马迹了！

系外星行星的来源

由于经典的太阳系形成模型，其以距离都远于太阳 5AU 之外，为木星及其他大型气状行星的来源。观察所见各个系外星行星的半长轴有 a≈0.05 ~ 0.1AU。这是个很大的惊奇，使得理论工作者现都着眼于如何把大型气状行星从外移到内端。有几个动力学机制曾被建议：

系外星行星轨道之互相扰动

如果两个（或数个）大型行星的轨道太过接近，它们的相互动力作用，便会产生不稳定性。经由行星间相互接近的重力弹射作用，可以把其中的一个行星轨道投射入靠近恒星的区域。再经潮汐作用而得轨道圆周化。但这种机制通常会留下一两个在外围的大型系

图 108　行星在形成过程，由于与吸积盘的重力密度波作用，会有角动量的交换，以致整个外星逐渐的向内移动。根据数值计算，从 5AU 的轨道进入 0.6AU 的距离，只需要十万年的时间。而质量也可以 1MJ 增加到 5MJ。

外星行星。而这种组合没有得到普遍观察的证实。

行星与微星体吸积盘之相互作用

在太阳系形成的一段时期，围绕原恒星的吸积盘，主要是由固态的冰块及微星体组成，各个行星沿着它们的吸积通道运行。当质量逐渐增加到一临界值时，各个行星便会把周遭的物质重力弹射到其他行星的轨道区。被抛掷的微星体再次受到其他行星的吸积或者弹射，从而成为行星之间物质和角动量的转换媒介。在这个情况下，木星和土星的轨道则作内移，这种轨道漂移的效应曾被应用在系外星行星的轨道结构。

行星与气体吸积盘的相互作用

一个发展比较详细的模型，便是利用行星与气态吸积盘的密度波的力矩作用，而使得轨道逐渐向内移。根据数值计算，在大约 10^5 年左右，便可以将一个原处在 5AU 的木星移至 0.6AU。而其质量则从 $1M_J$ 增至 $5M_J$。这种轨道缩小的作用会一直延续。如果没有任何阻挡的力量，它便会转入恒星的大气层，而被吸积。一个可能性是恒星的磁场作用，足以把密度波产生的力矩抵消。使 a 在到达 0.04AU 左右时便不再减少。从这个观点来看，我们的太阳系的行星可能不是第一代的成员。在之前说不定已经曾有好几代的行星被原太阳鲸吞。这个模型的一个缺点是所产生的行星的轨道都是非常的圆（e≈0），所以不能解释大 e 值的个案。

展　望

系外星行星的研究工作，正是方兴未艾。而在某一个层次，更可以说是刚刚才开始，这是因为追寻系外星行星是和追寻宇宙中的生命是不可分割的。所以最终目标便是直接对如地球一般有大气层、陆地和海洋的类地行星作观察研究。可以想象这是极具有挑战性，并近乎科幻小说的课题。但欧美的天文学家已紧锣密鼓地在做规划工作。譬如欧洲太空组织（European Space Agency，简称 ESA）便在筹备一个叫做“达尔文”的太空干涉仪望远镜。这个计划会利用一组（6 个）望远镜作非常高分解度的影像观察（图 109）。而美国国家航空航天局也有一个雄心勃勃的 TPF（Terrestrial Planets Finder）计划。顾名思义，也是要用来找寻类地行星的。科学进展的速度实在惊人。

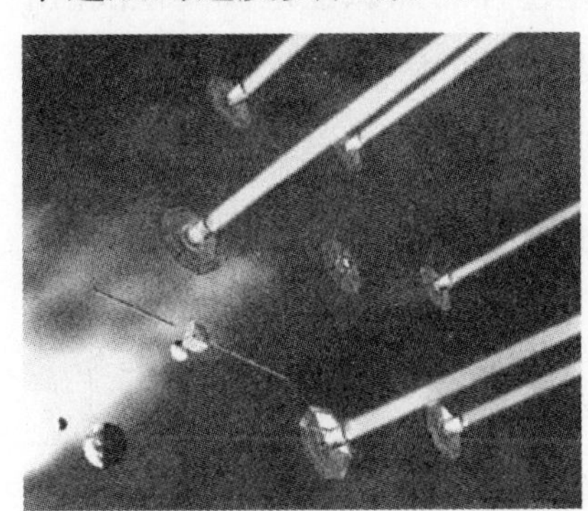

图 109　达尔文太空望远镜计划之太空船组合构想。这一组 6 个望远镜将用干涉仪方法找寻地球大小的系外行星的存在。

现在所发现的几十个系外星行星，虽然都是大型类木行星，但这些有如滚滚洪流的新知，已经足够颠覆过去所有太阳系形成理论。我们现在知道自己所身处太阳系说不只是一个特例。而且随着恒星吸积盘时间演化，太阳系的形成可能有不同的版本。由于原行星与吸积盘重力作用，在过去的历史说不定曾经有几个大型气体行星（$M_P \approx M_J$），经由轨道漂移作用而受原太阳“吞食”。今日有九大行星（如果把冥王星亦算在内）的行星系统可能只是最后（也是可能最完善）的版本，但这个过程尚需仔细推敲。

在1960年代，当“阿波罗”九号太空船飞向月球途中，我们第一次看到地球悬空在虚无的宇宙之中，一方面觉得人类的渺小，一方面也觉得地球的可爱，以及世界和平的宝贵。现在我们知道系外星行星的存在，意识到银河内外可能有无数生命系统在孕育之中，如人类一般会思维的高等生物亦可能多如牛毛。它们是怎样的来源？它们的演化过程是如何？

时空远隔，除了用太空望远镜观察，我们要得到更进一步的了解，并不是这么容易的事。蓦然回首，我们发觉，对自己太阳系的来源和生命演化过程的知识也是极其粗浅。所谓远在天地，近在眼前，如果能够对本身太阳系的行星和小物体（即彗星和小行星）作深入研究，便可以和其他太阳系印证。也是因为这个缘故，行星太空探测和天文观测的科学工作亦是日益蓬勃。